FB 408: DK 621.967.1 620.176.2:669.14

FORSCHUNGSBERICHTE
DES WIRTSCHAFTS- UND VERKEHRSMINISTERIUMS
NORDRHEIN-WESTFALEN

Herausgegeben von Staatssekretär Prof. Dr. h. c. Leo Brandt

Nr. 408

Prof. Dr. phil. Franz Wever
Dr.-Ing. Werner Lueg
Dr.-Ing. Hans Günter Müller

Max-Planck-Institut für Eisenforschung, Düsseldorf

Kraft- und Arbeitsbedarf beim Warmscheren von Stahl
in Abhängigkeit von Temperatur und Schnittgeschwindigkeit

Als Manuskript gedruckt

WESTDEUTSCHER VERLAG / KÖLN UND OPLADEN

1957

ISBN 978-3-663-03702-6   ISBN 978-3-663-04891-6 (eBook)
DOI 10.1007/978-3-663-04891-6

Forschungsberichte des Wirtschafts- und Verkehrsministeriums Nordrhein-Westfalen

Gliederung

1. Einführung .... S. 5
2. Der Schervorgang .... S. 5
3. Versuchsanordnung und Versuchsdurchführung .... S. 6
4. Ergebnisse und ihre Besprechung .... S. 11
   a) Einfluß der Temperatur, der Schnittgeschwindigkeit und der Werkstoffzusammensetzung auf den Verlauf der Kraft-Weg-Schaulinien .... S. 11
   b) Die Scherfestigkeit in Abhängigkeit von Temperatur, Schnittgeschwindigkeit und Werkstoff .... S. 18
   c) Die Scherarbeit in Abhängigkeit von Schertemperatur und Schnittgeschwindigkeit .... S. 20
   d) Einfluß der Querschnittsform auf die Kraft-Weg-Schaulinien, die Scherfestigkeit und die Scherarbeit in Abhängigkeit von Temperatur und Schnittgeschwindigkeit . S. 22
   e) Einfluß der Spaltbreite und der Ausbildung der Schneidkante auf die Scherfestigkeit, die Kraft-Weg-Schaulinien und die Scherarbeit in Abhängigkeit von Temperatur und Schnittgeschwindigkeit .... S. 25
   f) Einfluß der Temperatur und der Schnittgeschwindigkeit auf die Ausbildung der Schnittflächen. .... S. 28
   g) Fragen der Einordnung des Schervorganges in die bekannten Umformungsvorgänge .... S. 30
5. Zusammenfassung .... S. 30
6. Literaturverzeichnis .... S. 33

Forschungsberichte des Wirtschafts- und Verkehrsministeriums Nordrhein-Westfalen

1. Einführung

Im Verlauf seiner Formgebung, die ein Werkstoff beim Auswalzen vom gegossenen Block bis zu der gewünschten Halbzeugabmessung erfährt, wird er oft mehrmals zerteilt und für den nachfolgenden Formgebungsvorgang auf Maß geschnitten. Dieses Scheren des warmen Werkstoffs gehört zu den Verformungsvorgängen, über die im Schrifttum keinerlei zusammenfassende Unterlagen vorliegen. Bei der Vielzahl der im Betrieb benötigten Warmscheren ist die Kenntnis dieses Vorganges aus konstruktiven und wirtschaftlichen Erwägungen heraus von Bedeutung. Warmscheren werden heute noch ausnahmslos aufgrund langjähriger Erfahrung bemessen, wobei man sich oft willkürlicher Umrechnungsfaktoren bedient, um aus lückenhaften Zahlenangaben über die Warmfestigkeit der Werkstoffe die zu erwartenden Scherkräfte zu berechnen. Das Ziel der vorliegenden Untersuchung war, diese Lücke zu schließen.

2. Der Schervorgang

Die Vorstellungen über den Schervorgang sind in einigen wenigen Arbeiten zusammengefaßt, die nur das Scheren bei Raumtemperatur behandeln. Die umfangreichste und auf die Verhältnisse beim Scheren in der Wärme am ehesten übertragbare Arbeit ist von T.M. CHANG und H.W. SWIFT (1). Diese Verfasser konnten zeigen, daß für das Trennen des Werkstoffes praktisch bis zum völligen Durchfahren des Messers und oftmals darüber hinaus Arbeit aufzubringen ist, während bei spröden Werkstoffen nach kurzem Anschnitt die Trennung durch Bruch erfolgt. Je nach Beschaffenheit der Werkstoffe sind noch Übergänge zwischen diesen beiden Erscheinungsformen möglich. Beim Scheren in der Wärme, d.h. in einem Temperaturbereich zwischen 700 und 1100°, verhalten sich die Werkstoffe in der Regel nicht spröde, so daß hier vorwiegend ein bildsames Verhalten bzw. Übergänge zu sprödem Verhalten zu erwarten sind. Zu den bei Raumtemperatur gut bildsamen Werkstoffen gehören in erster Linie Blei und sehr reines Aluminium. Diese Werkstoffe ähneln in ihrem Verformungsverhalten, insbesondere hinsichtlich der bei Zimmertemperatur schon einsetzenden Entfestigung, den Stählen bei hoher Temperatur. Aus Untersuchungen über den Stauchvorgang bei hoher Temperatur (2) ist bekannt, daß die Formänderungsfestigkeit von Stahl während einer Formgebung einmal eine ausgeprägte Abhängigkeit von der Formänderungsgeschwindigkeit besitzt, zum anderen zeigt aber auch der Werkstoff deutlich

Verfestigungserscheinungen, denen im Laufe der Formänderung eine rasch ablaufende Entfestigung entgegenwirkt. Obwohl der Schervorgang keineswegs ein reiner Schubvorgang ist, sondern eine Überlagerung von Schub-, Biege- und Zugvorgängen, muß das oben beschriebene Verhalten der Warmfestigkeit sich auch in der Scherfestigkeit spiegeln. Daher sollten diese Einflüsse bei der Bestimmung der Scherfestigkeit berücksichtigt werden. Neben diesen vom Werkstoff herrührenden Einflüssen spielt auch die am Verformungswerkzeug auftretende Reibung eine Rolle, deren Auswirkung auf den Kraft- und Arbeitsbedarf entsprechend der Form des zu scherenden Querschnittes von unterschiedlicher Größe sein kann. Weil aber beim Scheren die Berührungsflächen zwischen Werkstoff und Werkzeug kleiner als z.B. beim Pressen sind, müssten Reibungseinflüsse hier verhältnismäßig gering bleiben.

In der Behandlung des Schervorganges von CHANG und SWIFT und ebenfalls in den Arbeiten einiger anderer Verfasser kommt zum Ausdruck, daß ein einfacher, durch eine einzige Zahl - wenn es sich um einen reinen Schubvorgang handeln würde, durch Angabe des Zusammenhanges: Scherfestigkeit = halbe Formänderungsfestigkeit - zu kennzeichnender Zusammenhang nicht vorhanden ist, sondern daß je nach Überwiegen des bildsamen oder spröden Verhaltens, je nach Breite des Schnittspalts, d.h. aber entsprechend der Aufteilung von Schub, Zug und Biegung auf den Verlauf des Schnittvorganges, verschiedenartige Kennzahlen zu erwarten sind. Die vorliegende Arbeit ist daher in zwei Abschnitte gegliedert, einmal in eine Bestimmung der Kenngrößen ohne Berücksichtigung der allgemeinen Zusammenhänge, zum anderen in eine vergleichende Untersuchung der sich ergebenden grundsätzlichen Zusammenhänge. Der erste Abschnitt der Untersuchungen wird hiermit vorgelegt, während die Behandlung der grundsätzlichen Zusammenhänge einer späteren Veröffentlichung vorbehalten bleibt.

3. Versuchsanordnung und Versuchsdurchführung

Die Versuche wurden auf der hydraulichen 250 t-Presse des Instituts (3) durchgeführt. Diese Presse wird über Drosselventile gesteuert, so daß die Hubgeschwindigkeit ihres Arbeitstisches von nahezu Null bis etwa 0,4 m/s stufenlos eingestellt werden kann.

Für die vorliegenden Untersuchungen wurde in diese Presse eine Schervorrichtung eingebaut *). Die in Abbildung 1 schematisch dargestellte Vorrichtung war zum Schneiden rechteckiger Knüppel oder Platinenabschnitte gedacht, deren Abmessungen innerhalb 50 mm Höhe und 100 mm Breite lagen. Zur Vereinfachung der Anordnung wurden gleichzeitig zwei Schnitte durchgeführt, und zwar so, daß ein rechteckiger Stempel, der an zwei gegenüberliegenden Seiten mit Schermessern versehen war, in eine durch die zwei Gegenmesser abgegrenzte Rechtkantöffnung hineinfährt.

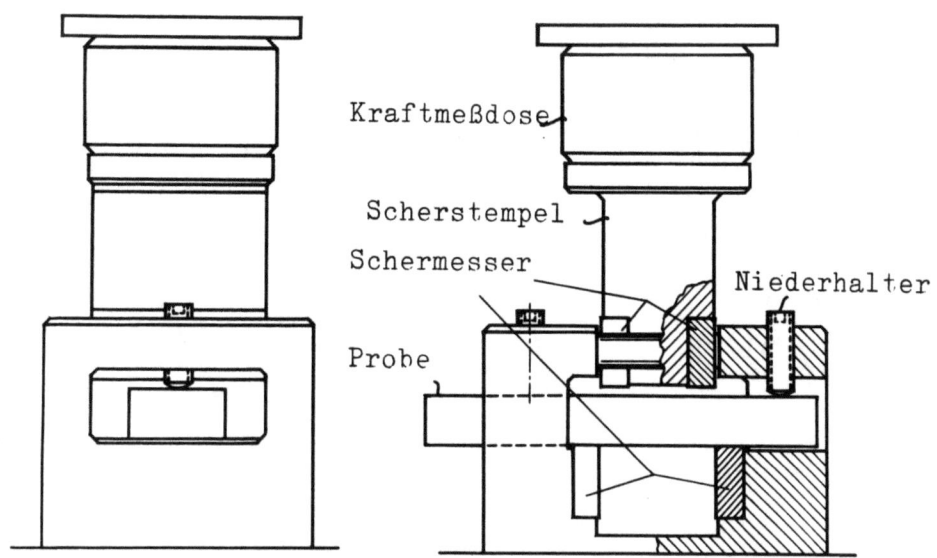

Abbildung 1
Vorrichtung zum Warmscheren von Knüppeln und Platinen

Für die Kraftmessung wurde eine mit Dehnungsmeßstreifen beklebte Kraftmeßdose verwendet, die zwischen Schneidstempel und oberem Querhaupt der Presse eingebaut war. Mit dieser Meßdose war ein trägheitsloses Aufzeichnen der Kräfte auf einem Schleifen-Oszillographen gewährleistet.

Um die Abhängigkeit der Kraft vom Schwerweg bzw. der Abnahme des Scherquerschnittes festzuhalten, war eine ebenfalls trägheitslose Wegmessung erforderlich. Sie wurde auf die Durchbiegung eines an seinem Ende fest eingespannten rd. 500 mm langen Biegestabes zurückgeführt, der in der Weise mit Dehnungsmeßstreifen versehen war, daß deren Dehnung geradlinig mit der durch die Bewegung der Schneidwerkzeuge verursachten Durchbiegung des Stabes wächst.

---

*) Die Vorrichtung wurde freundlicherweise von der Schloemann AG, Düsseldorf, zur Verfügung gestellt, die auch den größten Teil der Versuchswerkstoffe beschaffte

Die von den Widerstandsänderungen der Dehnungsmeßstreifen herrührenden Brückenströme wurden von je einer Verstärkermeßbrücke (Type DD 1, Firma Brandau, Düsseldorf) verstärkt und den Schleifenschwingern eines Oszillographen zugeführt. Hier wurden die Kräfte und Wege gemeinsam mit einer Zeitmarke auf photographischem Papier geschrieben. In Abbildung 2 ist das Beispiel einer solchen Aufschreibung wiedergegeben.

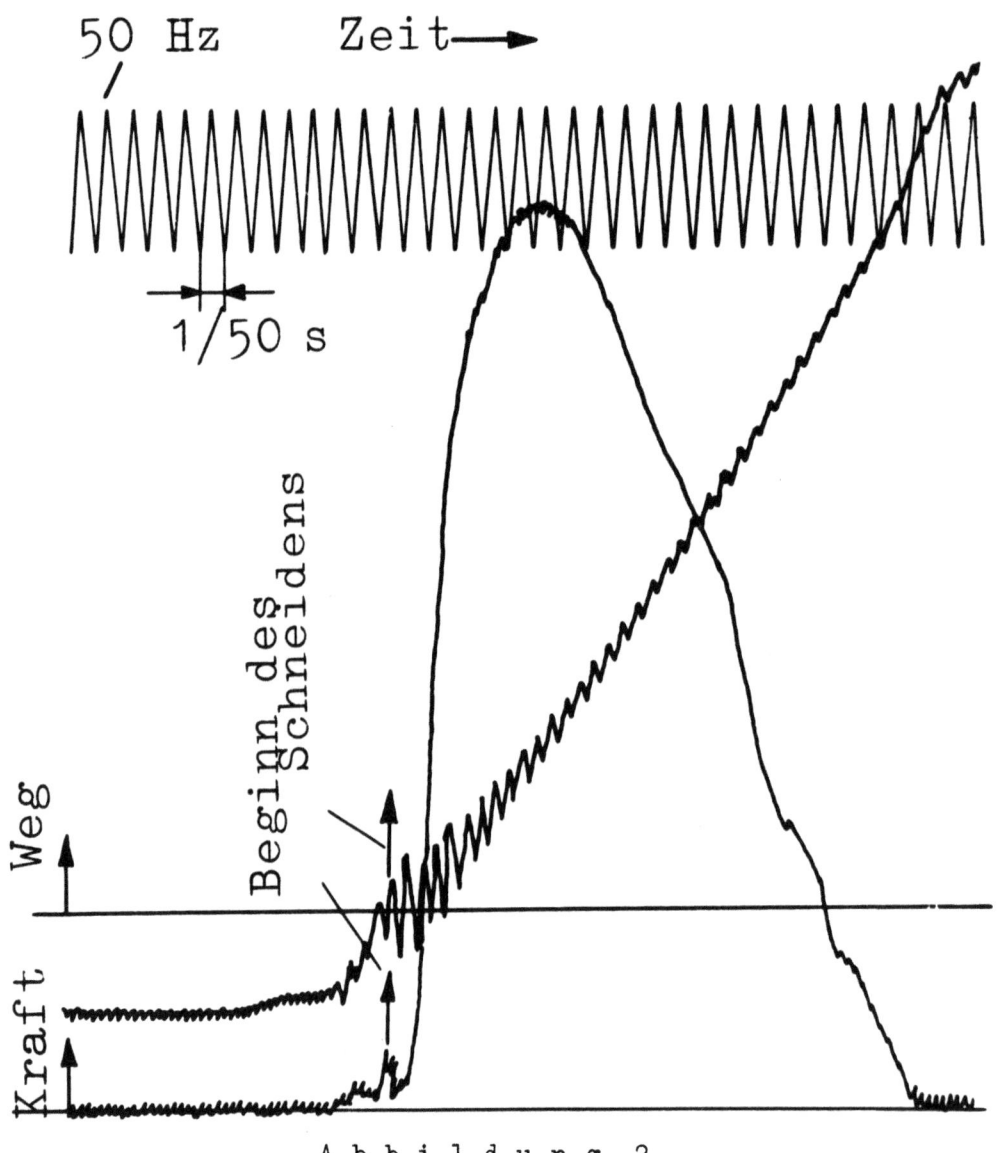

Abbildung 2

Beispiel einer Kraft- und Wegaufzeichnung in Abhängigkeit von der Zeit

Die Knüppel-und Platinenabschnitte wurden vor dem Schneiden in einem Ofen auf Temperaturen im Bereich von 700 bis 1100° gewärmt und jeweils etwa 1/2 Stunde auf Temperatur gehalten. Bei der ersten Versuchsreihe war die Spaltbreite 0,5 mm; bei nachfolgenden Versuchen wurden einmal die Schneidkanten durch einen Anschliff unter 45° bis zu einer Tiefe von 0,5 mm abgestumpft, dann diese Abstumpfungen durch Erweitern des Schneidspaltes auf 1,0 mm aufgehoben und später noch Versuche mit 1,5 mm Schneidspalt durchgeführt.

Abbildung 3

Hydraulische Schnellpresse mit Meßeinrichtungen

1) Ofen 2) Schnellpresse 3) Kraftmeßdose
4) Schervorrichtung 5) Schnellsteuerung
6) Druckluftbehälter 7) Verstärker
8) Schleifenoszillograph

Die gesamte Meßanordnung ist in Abbildung 3 dargestellt. Der Schneidvorgang ging so vor sich, daß der Knüppel oder die Platine aus dem links auf dem Bild erkennbaren Ofen gezogen und sofort unter die Schnittmesser geschoben wurde. Dann wurden auf jeder Seite die Niederhalteschrauben angezogen und der Schneidvorgang durch den Steuerhebel in Gang gesetzt. Dabei wurden die Kräfte und Wege in der oben beschriebenen Weise fortlaufend

Forschungsberichte des Wirtschafts- und Verkehrsministeriums Nordrhein-Westfalen

Tabelle 1

Zusammensetzung und Querschnitte der Versuchsstähle

Stahl	Höhe x Breite in mm	gemessene Brinell- härte kg/mm²	berechnete Zugfestig- keit kg/mm²	C %	Si %	Mn %	P %	S %	Cr %	Ni %	Mo %
1	50 x 50	119	41,6	0,11	0,23	0,48	0,023	0,033	0,03	0,02	0,01
2	50 x 50	201	70,4	0,46	0,29	0,73	0,018	0,021	0,08	0,04	0,01
3	50 x 50	257	90,0	0,52	1,51	0,73	0,029	0,020	0,10	0,04	0,01
4	50 x 50	337	118,0	0,93	0,24	0,26	0,014	0,019	1,44	0,91	0,01
5	50 x 50	212	73,0	0,074	0,63	1,26	0,031	0,005	17,57	10,60	-
6	25 x 100	201	70,4	0,46	0,38	0,74	0,016	0,019	0,08	0,05	0,01
7	50 x 100	201	70,4	0,46	0,33	0,61	-	-	-	-	-

aufgeschrieben. Die Diagramme wurden dann in Kraft-Weg-Schaubilder umgerechnet und aus der Weg-Zeit-Kurve die zugehörigen Schnittgeschwindigkeiten entnommen.

Für die Versuche standen die in Tabelle 1 aufgeführten Stähle zur Verfügung. Bis auf die Stähle 3, 4 und 5 handelt es sich um unlegierte Kohlenstoffstähle mit verschiedenem Kohlenstoffgehalt, während Stahl 3 ein schwach legierter Transformatorenstahl, Stahl 4 ein schwach legierter Kugellagerstahl und Stahl 5 ein 18/8 Chrom-Nickel-Stahl ist. Die Stähle 2, 6 und 7 sind Stähle mit der Bezeichnung C 45, die in den Abmessungen 50 x 50, 25 x 100 und 50 x 100 mm^2 geschnitten wurden, um den Einfluß der Querschnittform festzuhalten.

4. Ergebnisse und ihre Besprechung

a) Einfluß der Temperatur, der Schnittgeschwindigkeit und der Werkstoffzusammensetzung auf den Verlauf der Kraft-Weg-Schaulinien

Aus den aufgenommenen Kraft-Zeit- und Weg-Zeit-Aufschreibungen wurde der Kraft-Weg-Verlauf für jeden einzelnen Scherversuch ermittelt und in den Abbildungen 4 bis 8 für die Stähle 1 bis 5 getrennt nach Stahlsorten und unterteilt nach Temperaturen zusammengestellt. Die Teilbilder enthalten die Kraft-Weg-Schaulinien für verschiedene Schnittgeschwindigkeiten, deren Größe am Scheitelpunkt jeweils vermerkt ist. Allen Kraft-Weg-Schaulinien ist folgendes Verhalten gemeinsam:

Zu Beginn des Schnittvorganges steigt die Kraft verhältnismäßig steil mit dem Weg an und erreicht je nach Temperatur und Werkstoffverhalten bei 10 bis 40 % des Gesamt-Schwerweges einen Höchstwert der Scherkraft. Dieser Höchstwert verschiebt sich mit sinkender Temperatur immer mehr zum Anfang des Schervorganges hin, wobei die Steilheit des Scherkraftanstieges zunimmt. In gleicher Weise wie durch die Temperatur wird der Verlauf der Kraft-Weg-Schaulinien durch eine höhere Festigkeit des Werkstoffes beeinflußt. Vom Höchstwert fällt die Kraft bei hohen Temperaturen mit fortschreitendem Schnittweg nahezu geradlinig, bei niedrigeren Temperaturen meist in Stufen auf Null ab. Die Besonderheit dieses Verhaltens ist in der Ausbildung der Schnittflächen begründet, wie im einzelnen noch ausgeführt werden soll, und hängt eng mit dem Übergang vom bildsamen zum spröden Verhalten des Werkstoffes mit abnehmender Temperatur zusammen. Eine Erhöhung der Schnittgeschwindigkeit hat zur Folge, daß die Kraft-Weg-Schaulinie höhere Werte annimmt. Dabei wirkt eine Erhöhung der Schnittgeschwindigkeit in dem untersuchten Temperaturbereich von 700 bis 1100° von beispielsweise 10 auf 300 mm/s auf den Höchstwert der Kraft im Mittel wie eine Erniedrigung der Temperatur um etwa 100°. Auch der Verlauf der Kraft-Weg-Schaulinie wird von der höheren Schnittgeschwindigkeit merklich beeinflußt, was wiederum mit der Ausbildung der Schnittflächen, d.h. aber letzten Endes mit dem Ablauf des Schnittvorganges zusammenhängt. Dieses allgemeine Verhalten ist den untersuchten Werkstoffen in dem Temperaturbereich von 700 bis 1100° gemeinsam, doch unterscheiden sie sich auf Grund ihrer Zusammensetzung in einigen Punkten. So weichen die in Abbildung 4 und 5 dargestellten Ergebnisse für die Stähle 1 und 2, die sich nur im Kohlenstoffgehalt mit 0,11 % C für Stahl 1 und 0,46 % C für Stahl 2 unterscheiden, hinsichtlich der Größe des Scherkrafthöchstwertes und des Kraftanstieges mit dem Scherweg deutlich voneinander ab. Während für den Stahl 2 in Abbildung 5 beim Scheren eines Knüppels von 50 mm Quadrat bei 700° der Höchstwert der Kraft nach einem Scherweg von rd. 10 mm auftritt, erreicht die Kraft bei sonst gleichen Bedingungen jedoch für den Stahl 1 ihren Höchstwert erst bei 13 mm Scherweg. Mit Erhöhung der Schertemperatur verschieben sich die Höchstwerte zu Punkten, die einem etwas längeren Scherweg entsprechen, und die Unterschiede im Verhalten der Stähle 1 und 2 verwischen sich bei 1100° fast völlig. Der Scherweg, der dem Höchstwert der Scherkraft entspricht, beträgt dann etwa 15 bis 18 mm.

Der absolute Wert der Scherkraftspitze ist ebenfalls vom Kohlenstoffgehalt abhängig. Während bei 1100° Unterschiede zwischen den beiden Stählen kaum vorhanden sind, nimmt bei 700° und einer Schnittgeschwindigkeit von 10 mm/s der Höchstwert der Scherkraft von etwa 18 t für Stahl 1 um 5 t auf 23 t für Stahl 2 zu. Das entspricht bei einer Schnittgeschwindigkeit von 10 mm/s einer Erhöhung des Scherkrafthöchstwertes um 28 %. Der absolute und der bezogene Unterschied in den Krafthöchstwerten nimmt mit wachsender Schnittgeschwindigkeit zu und beträgt 10 t bei 700° und einer Schnittgeschwindigkeit von etwa 300 mm/s, d.h. rd. 42 %, wenn man ihn auf den für Stahl 1 gemessenen Wert von 24 t bezieht. Bei 1100° unterscheiden sich die beiden Stähle kaum noch voneinander und weisen einen Scherkrafthöchstwert von etwa 12 bis 13 t bei einer Schnittgeschwindigkeit von 300 mm/s auf, der sich bei Verringerung der Schnittgeschwindigkeit auf 10 mm/s auf etwa 7 t erniedrigt.

Forschungsberichte des Wirtschafts- und Verkehrsministeriums Nordrhein-Westfalen

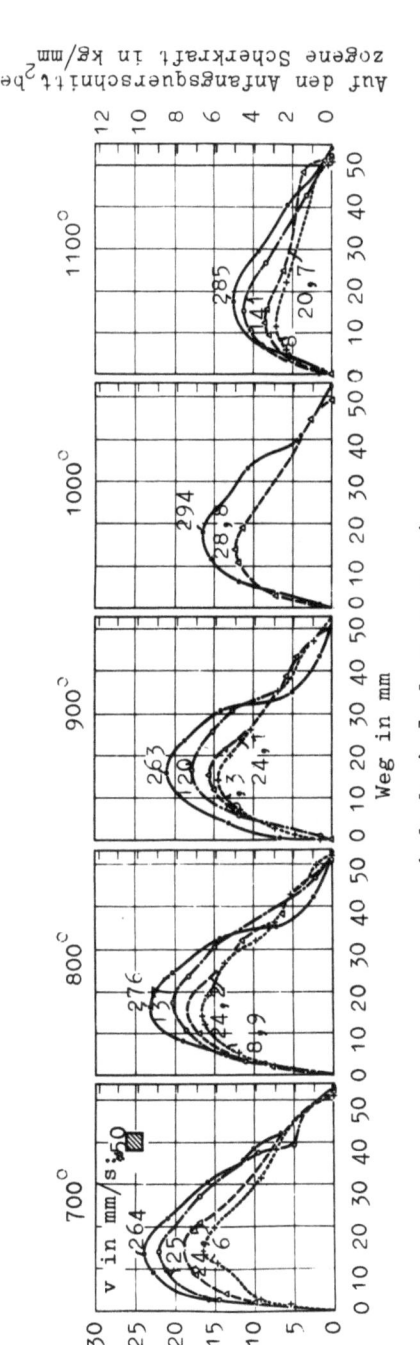

Abbildung 4

Kraft-Weg-Schaulinien für unterschiedliche Temperaturen und Schnittgeschwindigkeiten
Querschnittsabmessungen: 50 x 50 mm² Schneidspalt: 0,5 mm Stahl 1

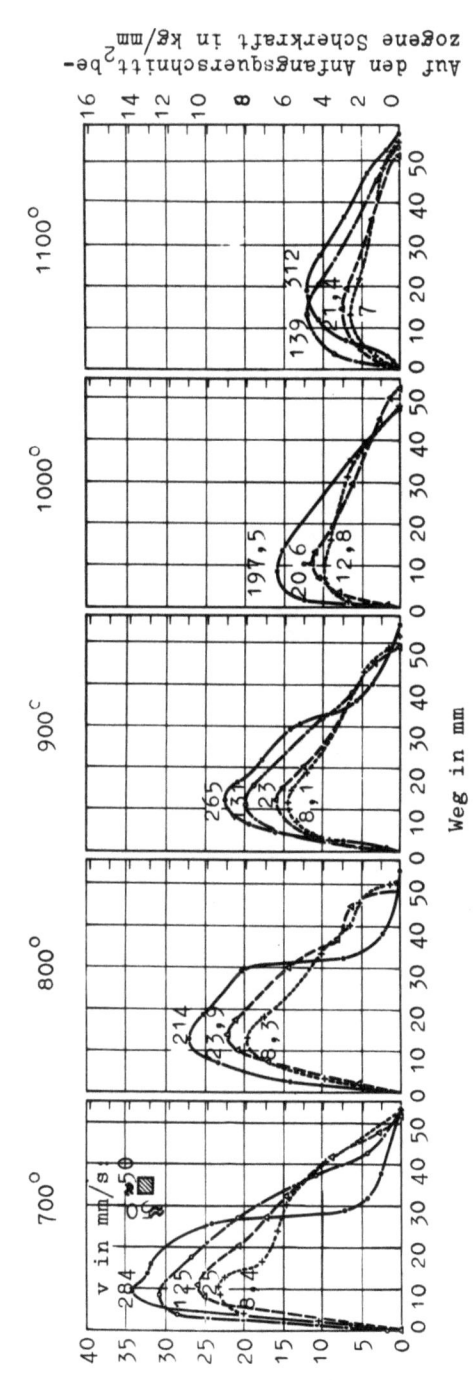

Abbildung 5

Kraft-Weg-Schaulinien für unterschiedliche Temperaturen und Schnittgeschwindigkeiten
Querschnittsabmessungen: 50 x 50 mm² Schneidspalt: 0,5 mm Stahl 2

Forschungsberichte des Wirtschafts- und Verkehrsministeriums Nordrhein-Westfalen

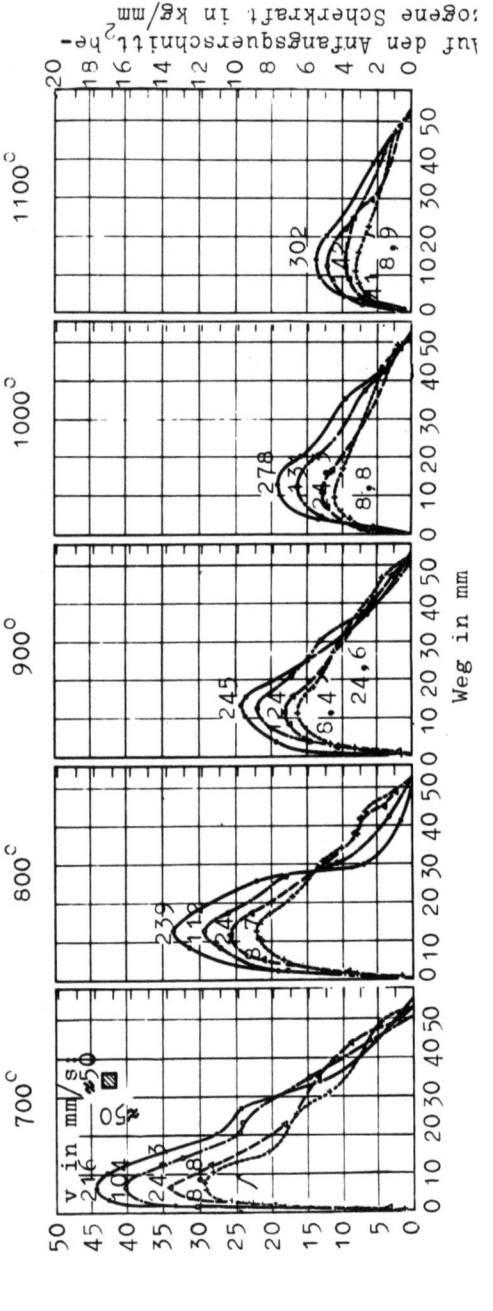

Abbildung 6

Kraft-Weg-Schaulinien für unterschiedliche Temperaturen und Schnittgeschwindigkeiten
Querschnittsabmessungen: 50 x 50 mm² Schneidspalt: 0,5 mm Stahl 3

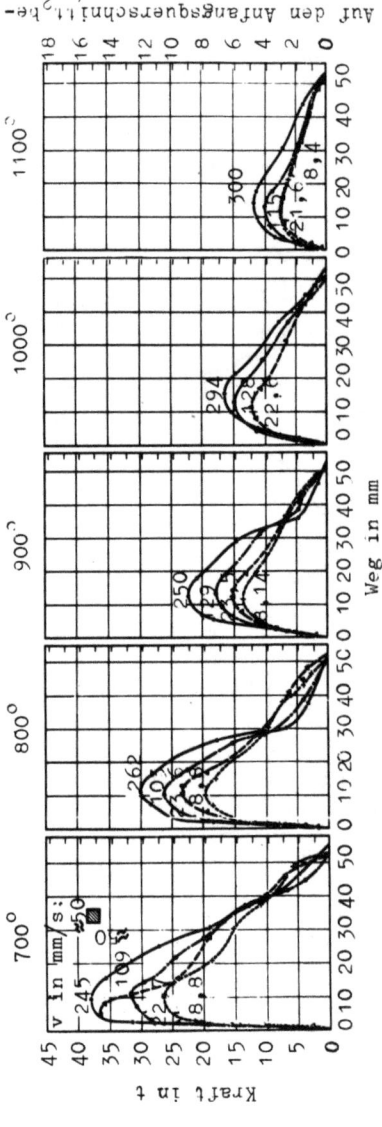

Abbildung 7

Kraft-Weg-Schaulinien für unterschiedliche Temperaturen und Schnittgeschwindigkeiten
Querschnittsabmessungen: 50 x 50 mm² Schneidspalt: 0,5 mm Stahl 4

Eine Erhöhung des Kohlenstoffgehaltes und eine geringfügige Zulegierung, wie sie die Stähle 3 und 4 aufweisen, macht sich nach den Abbildungen 6 und 7 in erster Linie bei Temperaturen unterhalb 1000° bemerkbar. Oberhalb 1000° ist das Verhalten der untersuchten Stähle nahezu unabhängig von der Zusammensetzung. So liegen für Stahl 3 die Höchstwerte der Kraft bei kleineren Wegen als für Stahl 1, und die absoluten Beträge bei einer Schnittgeschwindigkeit von 10 mm/s und einer Temperatur von 700° mit 30 t um 66 %, bei der gleichen Temperatur und einer Schnittgeschwindigkeit von 300 mm/s mit 45 t um 83 % höher als die entsprechenden Werte für Stahl 1. Obwohl Stahl 4 den höchsten Kohlenstoffgehalt aufweist, bewirkt anscheinend seine andersartige sonstige Zusammensetzung, daß die Höchstwerte immer niedriger liegen als bei Stahl 3.

Der Verlauf der in Abbildung 8 dargestellten Kraft-Weg-Schaulinien für Stahl 5, der mit 17,6 % Cr und 10,6 % Ni zu den hochlegierten Stählen zählt, weicht in vielen Punkten von dem Verhalten der schon beschriebenen Stähle ab. Vergleicht man die Kraft-Weg-Schaulinien dieses Stahles mit denen des unlegierten, kohlenstoffarmen Stahles 1, so ist eine Ähnlichkeit im Verlauf nur für 1100 und 1000° Schertemperatur zu erkennen, in dem Temperaturbereich von 700 bis 1000° weist dagegen Stahl 5 anders geartete Kraft-Weg-Schaulinien als Stahl 1 auf. Die Krafthöchstwerte für Stahl 5 sind bei 1100° von der gleichen Größe wie die entsprechenden Krafthöchstwerte für Stahl 1 im Temperaturbereich von 800 bis 900°. Schon bei 1000° und darunter liegen die Krafthöchstwerte oberhalb der Werte, die für Stahl 1 im Temperaturbereich von 700 bis 1100° beobachtet wurden. Das Verhalten des Chrom-Nickel-Stahles scheint sich schon ab 900° mit sinkender Temperatur immer mehr dem Kaltverformungsverhalten anzunähern. Das äussert sich einmal in dem steilen Abfall der Kraft-Weg-Schaulinie nach Erreichen des Krafthöchstwertes, und zum anderen in der bei 700° kaum noch vorhandenen Abhängigkeit der Kraft-Weg-Kurven von der Schnittgeschwindigkeit, ein Verhalten, wie man es bei einer Kaltformgebung erwarten würde. Darüber hinaus scheint der steile Abfall der Kraft nach dem Erreichen des Höchstwertes auf Werte nahe bei Null darauf hinzuweisen, daß bei einem bestimmten Schnittweg, der für Stahl 5 bei Temperaturen von 700 bis 900° innerhalb 10 bis 12 mm, d.h. bei 20 bis 25 % des Schnittweges liegt, der Werkstoff spröde bricht, so wie es CHANG und SWIFT beim Kaltscheren von gewöhnlichen Kohlenstoffstählen beobachtet haben. Die Tatsache, daß die Kraft dennoch bis zum völligen Durchfahren des Schnittstempels von Null

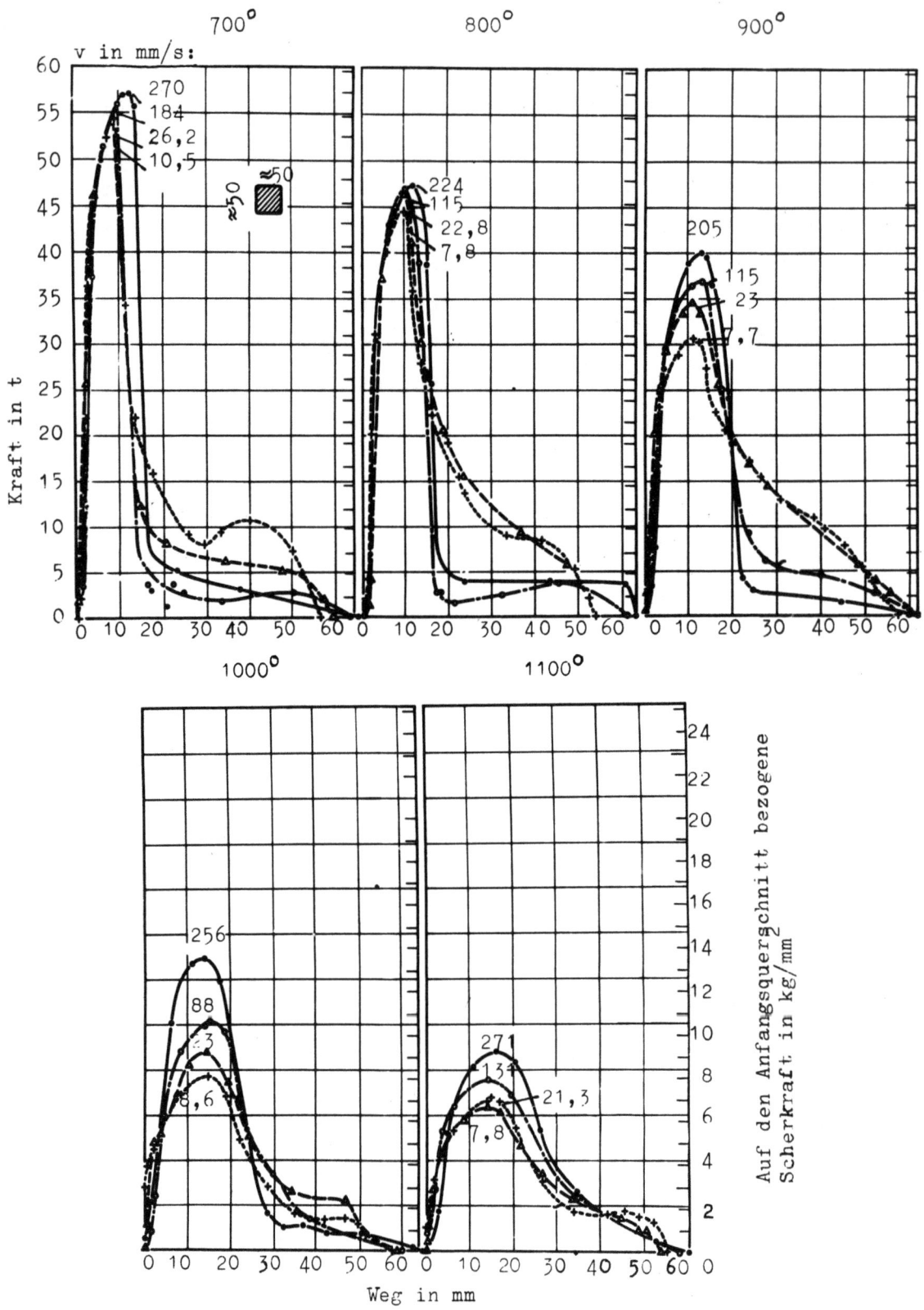

Abbildung 8

Kraft-Weg-Schaulinien für unterschiedliche Temperaturen und Schnittgeschwindigkeiten

Querschnittsabmessungen: 50 x 50 mm^2 Schneidspalt: 0,5 mm Stahl 5

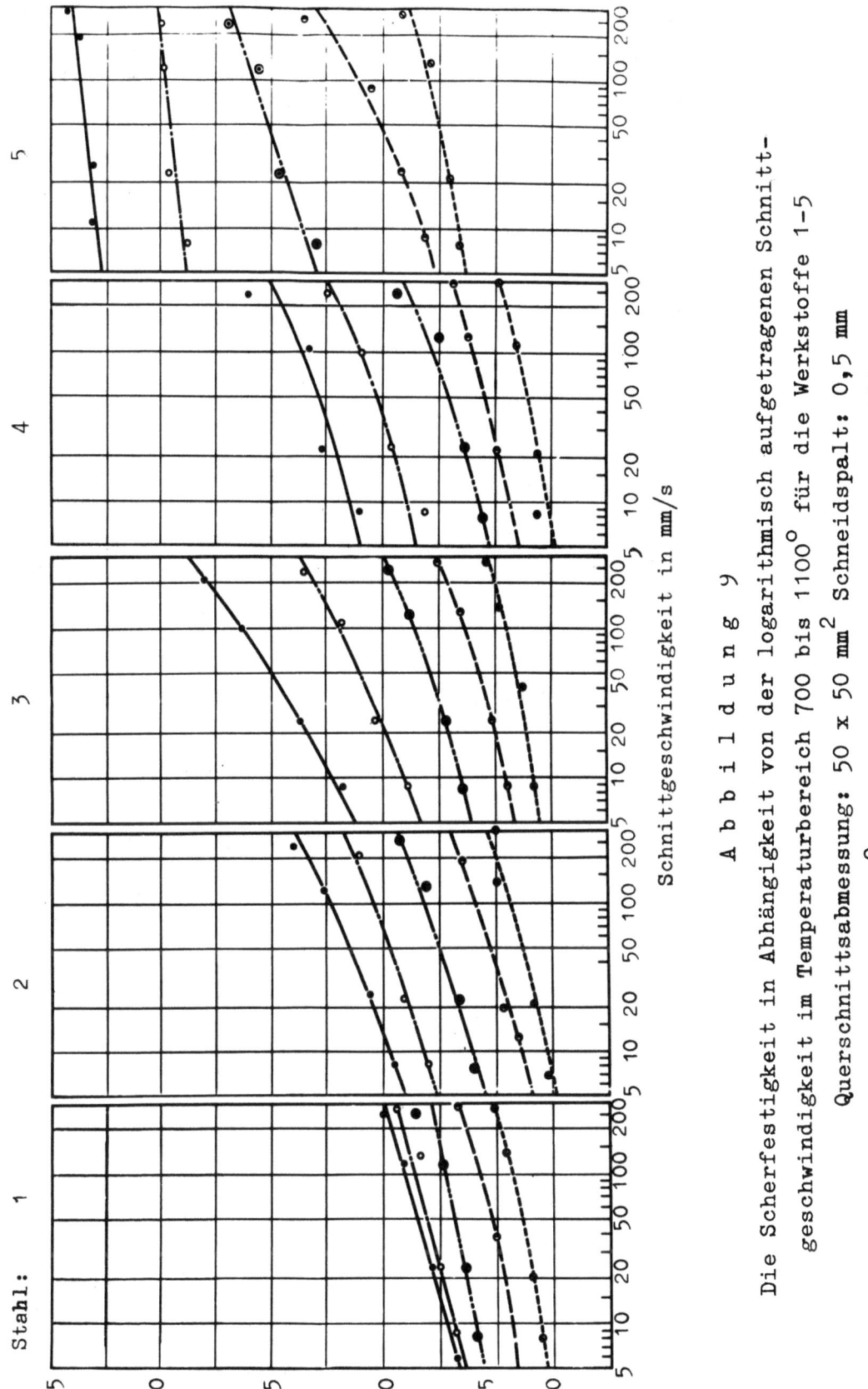

A b b i l d u n g 9

Die Scherfestigkeit in Abhängigkeit von der logarithmisch aufgetragenen Schnittgeschwindigkeit im Temperaturbereich 700 bis 1100° für die Werkstoffe 1-5

Querschnittsabmessung: 50 x 50 mm²   Schneidspalt: 0,5 mm

verschieden ist, wird auf zusätzliche Reibungsarbeit zwischen Werkstoff und Schneidemesser zurückzuführen sein. Stahl 5 weist ferner mit rd. 57 t den höchsten beobachteten Kraftwert auf, der beim Scheren von Knüppeln der Abmessungen 50 x 50 mm^2 bei 700° und einer Schnittgeschwindigkeit von 270 mm/s auftrat.

b) Die Scherfestigkeit in Abhängigkeit von Temperatur, Schnittgeschwindigkeit und Werkstoff

Für rein technische Zwecke sei als Kennzahl für den Schervorgang festgesetzt:

Scherfestigkeit = Höchstwert der Schnittkraft, bezogen auf den ursprünglichen Querschnitt.

Diese Scherfestigkeit ist immer etwas kleiner als die wahre Scherfestigkeit, die sich aus dem Höchstwert der Kraft unter Bezug auf die dann wirklich vorhandene Fläche ergibt. Die Scherfestigkeit ist ebenso wie die Warmfestigkeit von Temperatur, Formänderungsgeschwindigkeit und Werkstoff abhängig. Sie ist ferner beeinflußbar durch die Ausbildung des Schnittmessers und der Spaltbreite, doch seien diese Einflußgrößen in einem getrennten Abschnitt behandelt.

Die im obigen Sinne aus den Kraftmessungen unter Berücksichtigung der tatsächlichen Anfangsquerschnitte ermittelten Werte der technischen Scherfestigkeit sind in Abbildung 9 in Abhängigkeit von der logarithmisch aufgetragenen Schnittgeschwindigkeit für die Temperaturen 700 bis 1100° dargestellt. Die Meßpunkte liegen auf leicht nach oben gekrümmten Kurvenzügen, die sich jedoch in guter Näherung als Geraden auffassen lassen. Diese Annäherung durch eine Gerade macht es möglich, die Meßergebnisse durch die Gleichung

$$\delta = \delta_o + n_s \ln v$$

wiederzugeben, wobei δ die jeweilige Scherfestigkeit bedeutet, δ_o die Scherfestigkeit für die Schnittgeschwindigkeit v = 1 mm/s und n_s die Steigung der Geraden. Die Größen δ_o und n_s sind abhängig von der Schertemperatur und vom Werkstoff. Ihre Werte sind in der Tabelle 2 zusammengestellt. Der Anstieg der Kurvenzüge nimmt in der Regel mit steigendem Kohlenstoffgehalt (Stahl 1 und 2) und mit sinkender Temperatur zu. Bei den gering legierten Kohlenstoffstählen 3 und 4 überdecken sich anscheinend die

Forschungsberichte des Wirtschafts- und Verkehrsministeriums Nordrhein-Westfalen

Tabelle 2

Größe der Kennwerte σ_o und n_s für verschiedene Temperaturen und Werkstoffe. Werkstoffquerschnitt: 50×50 mm^2; Schneidspalt: 0,5 mm

Stahl	σ_o in kg/mm^2					n_s				
	700°	800°	900°	1000°	1100°	700°	800°	900°	1000°	1100°
1	5,7	5,4	4,4	3,0	1,9	0,66	0,64	0,59	0,56	0,54
2	6,8	5,4	3,7	1,8	0,9	0,15	1,04	0,92	0,87	0,74
3	8,1	6,0	4,6	2,8	2,0	1,71	1,23	0,83	0,76	0,52
4	8,8	7,0	3,6	2,5	1,2	0,92	0,78	0,83	0,71	0,61
5	22,0	18,0	11,5	5,0	4,7	0,37	0,39	0,95	1,37	0,71

Einflüsse der einzelnen Legierungsanteile in unübersichtlicher Weise, jedoch weist von den Stählen 1 bis 5, insbesondere Stahl 3 bei niedrigen Temperaturen den steilsten Anstieg mit der Schnittgeschwindigkeit auf, während bei Stahl 4 anscheinend die Zulegierung von Chrom eine Verminderung der sich im Anstieg äussernden Verfestigung zur Folge hat. Stahl 5 dagegen zeigt nur bei 1100 bis 900° eine stärker ausgeprägte Abhängigkeit der Scherfestigkeit von der Schnittgeschwindigkeit, denn bei den Temperaturen 700 und 800° ergibt eine Erhöhung der Schnittgeschwindigkeit von etwa 5 auf 300 mm/s nur noch eine etwa 5 % höhere Scherfestigkeit. Wie schon vorher ausgeführt wurde, scheint sich dieser Werkstoff schon stark einem Kaltformgebungsverhalten anzunähern. Die Absolutwerte der gemessenen Scherfestigkeiten liegen für die Stähle 1 bis 4 bei einer Schertemperatur von 1100° und einer Schnittgeschwindigkeit von 1 mm/s zwischen 1 und 2 kg/mm^2, bei einer Schertemperatur von 700° und einer Schnittgeschwindigkeit von 300 mm/s zwischen 10 und 18 kg/mm^2. Stahl 5 dagegen hat bei 1100° und einer Schnittgeschwindigkeit von 1 mm/s eine Scherfestigkeit von rd. 5 kg/mm^2, die für 700° und eine Schnittgeschwindigkeit von 300 mm/s auf rd. 24 kg/mm^2 ansteigt. Innerhalb dieser Werte können die Belastungen beim Scheren der untersuchten Werkstoffe schwanken, denn die angegebenen Temperaturen und Geschwindigkeiten stellen Grenzwerte dar, die in der Regel bei den üblichen Betriebsbedingungen nicht unter- oder überschritten werden.

c) Die Scherarbeit in Abhängigkeit von Schertemperatur und Schnittgeschwindigkeit

Die Scherarbeit ist als Produkt aus Scherkraft und des zum Trennen des Werkstoffes erforderlichen Scherweges vom Ablauf des Schervorganges beeinflußt. So wird z.B. bei spröde brechenden Werkstoffen der augenblickliche Kraftbedarf unter Umständen groß sein, während der Gesamtbedarf an Scherarbeit verhältnismäßig klein ist, weil die Werkstofftrennung schon nach kurzem Schnittweg eintritt. Bei bildsamen Werkstoffen ist meist der augenblickliche Kraftbedarf klein, aber ein großer Scherweg erforderlich so daß die Scherarbeit verhältnismäßig groß sein kann. Beim Warmscheren tritt ein spröder Bruch kaum auf, sondern meistens, wie später gezeigt werden soll, ein Übergang zwischen bildsamem und sprödem Verhalten. Experimentell wurde wie bei der Scherfestigkeit ein logarithmisches Ansteigen der Scherarbeit mit der Schnittgeschwindigkeit nach einem Gesetz der Form

$$A = A_o + n_A \ln v$$

beobachtet, wobei A die Gesamtarbeit, A_o die Arbeit bei einer Schnittgeschwindigkeit von 1 mm/s und n_A die Steigung der Schaulinie mit der logarithmisch aufgetragenen Schnittgeschwindigkeit bedeutet. In Abbildung 10 ist als Beispiel Die Scherarbeit von Stahl 7 in Abhängigkeit von der

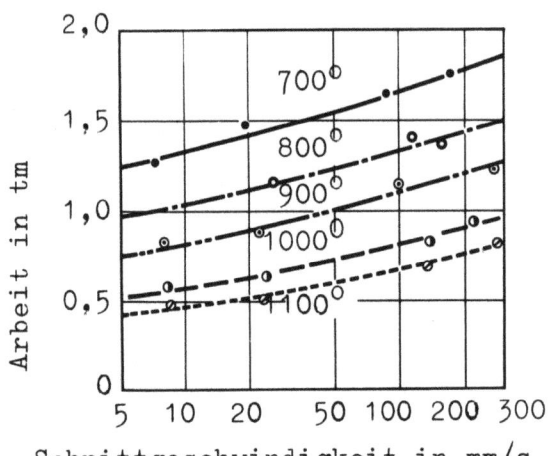

A b b i l d u n g 10

Die Scherarbeit in Abhängigkeit von der logarithmisch aufgetragenen Schnittgeschwindigkeit im Temperaturbereich 700 bis 1100° für Stahl 7

Querschnittsabmessungen: 50 x 100 mm^2 Schneidspalt: 0,5 mm

Schnittgeschwindigkeit dargestellt. Die Meßpunkte stellen planimetrierte Werte der Kraft-Weg-Schaulinien aus Abbildung 12 dar. Die Werte der Grössen A_o und n_A sind für das gleiche Beispiel in Tabelle 3 zusammengestellt. Die Tatsache nun, daß die Scherarbeit dem gleichen Gesetz folgt wie die technische Scherfestigkeit, war nicht von vornherein zu erwarten.

<u>T a b e l l e 3</u>

Größe der Kennwerte A_o und n_A für verschiedene Temperaturen

Werkstoffquerschnitt: 50 x 100 mm^2; Schneidspalt: 0,5 mm

Stahl	A_o in tm					n_A				
	700°	800°	900°	1000°	1100°	700°	800°	900°	1000°	1100°
7	1,0	0,7	0,5	0,3	0,26	0,15	0,13	0,12	0,11	0,09

Zwar ändert sich der Schervorgang mit der Temperatur und der Schnittgeschwindigkeit, wodurch der Messerweg bis zur Werkstofftrennung beeinflußt wird; der Kraftverlauf ändert sich jedoch so, daß die Gesamtarbeit wieder nahezu geradlinig mit der logarithmisch aufgetragenen Schnittgeschwindigkeit ansteigt. Auch das spröde Verhalten wird die in erster Näherung durch den Krafthöchstwert zu kennzeichnende Abhängigkeit des Arbeitsbedarfs von der Schnittgeschwindigkeit kaum entscheidend beeinflussen. Dieses Verhalten macht es möglich, einen einfachen Zusammenhang zwischen dem Krafthöchstwert = Scherfestigkeit . Ausgangsfläche und dem Arbeitsbedarf aufzustellen. Denn es läßt sich zeigen, daß sich der Arbeitsbedarf zumindest für das Scheren von Knüppeln der Abmessungen 50 x 50 mm^2 und von Platinen der Abmessungen 25 x 100 und 50 x 100 mm^2 bei den untersuchten Stählen 1 bis 4 und 6 bis 7 aus dem Krafthöchstwert berechnet, indem man diesen mit dem 0,5- bis 0,6-fachen des Gesamtscherwegs multipliziert. Große Abweichungen von dieser Näherung dürften auch für das Scheren bildsamer oder nahezu bildsamer Werkstoffe anderer Rechteck-Abmessungen nicht zu erwarten sein. Bei nahezu sprödem Verhalten des Werkstoffes, wie es bei den Temperaturen 700 bis 900° für Stahl 5 beobachtet wurde, braucht man nur etwa das 0,4-fache des Gesamtscherweges mit dem Krafthöchstwert zu multiplizieren, um den Arbeitsbedarf zu erhalten, der ja wegen des spröden Verhaltens verhältnismäßig niedrig liegt. Auf diese

Forschungsberichte des Wirtschafts- und Verkehrsministeriums Nordrhein-Westfalen

Weise kann bei bekannter Scherfestigkeit und ebenfalls bekanntem Verformungsverhalten des Werkstoffes der Arbeitsbedarf zum Scheren eines Rechtkant-Querschnittes in guter Näherung abgeschätzt werden. Die Möglichkeit zu einer schnellen Vorausbestimmung des Arbeitsbedarfs einer Warmschere ist damit gegeben.

d) Einfluß der Querschnittsform auf die Kraft-Weg-Schaulinien, die Scherfestigkeit und die Scherarbeit in Abhängigkeit von Temperatur und Schnittgeschwindigkeit

Die vorliegenden Untersuchungen sollen Richtlinien für den Kraft- und Arbeitsbedarf beim Scheren beliebiger rechteckiger Formen liefern, daher war es notwendig festzustellen, ob ein nennenswerter Einfluß der Querschnittsform vorhanden ist. Zu diesem Zweck wurden vergleichende Untersuchungen an den Stählen 2, 6 und 7 aus Tafel 1 mit der Richtbezeichnung C 45, aber unterschiedlicher Querschnittsform durchgeführt. Diese Stähle stammen zwar nicht aus der gleichen Schmelze, so daß kleine Ungleichheiten zu erwarten sind; diese dürften aber im Temperaturbereich der Warmformgebung keineswegs so stark ins Gewicht fallen, daß sie einen wesentlichen Formeinfluß überdecken.

Die erhaltenen Kraft-Weg-Schaulinien und Scherfestigkeiten sind für das Scheren von Rechteckquerschnitten 25 x 100 und 50 x 100 mm^2 in den Abbildungen 11, 12 und 13 dargestellt. Gegenüber den Scherfestigkeitskurven für das Scheren von Knüppeln mit 50 x 50 mm^2 Querschnittsabmessung ist bei dem Rechteckquerschnitt 50 x 100 mm^2 praktisch kein Unterschied festzustellen, jedoch liegen sämtliche Scherfestigkeitswerte beim Scheren der flachen Rechteckabmessungen 25 x 100 mm^2 oberhalb der entsprechenden Werte für das Scheren quadratischer Knüppeln.

Ein Formeinfluß ist nun im allgemeinen auf Reibung an den mit dem Werkzeug in Berührung stehenden Flächen zurückzuführen. Diese behindert die Breitung des Werkstoffes und führt zu einer Erhöhung der erforderlichen Kraft. Als Maß für die Größe des Reibungseinflusses ist der Anteil des durch die Reibung formgebungsbehinderten Volumens am gesamten verformten Volumen anzusehen. Sieht man für die Bestimmung des Formeinflusses von der Reibung im Schneidspalt ab, die prozentual mit der Scherfläche wächst und in den Wert der Scherfestigkeit einzubeziehen ist, so tritt beim Scheren Reibung nur noch an den beiden schräg gegenüberliegenden

Forschungsberichte des Wirtschafts- und Verkehrsministeriums Nordrhein-Westfalen

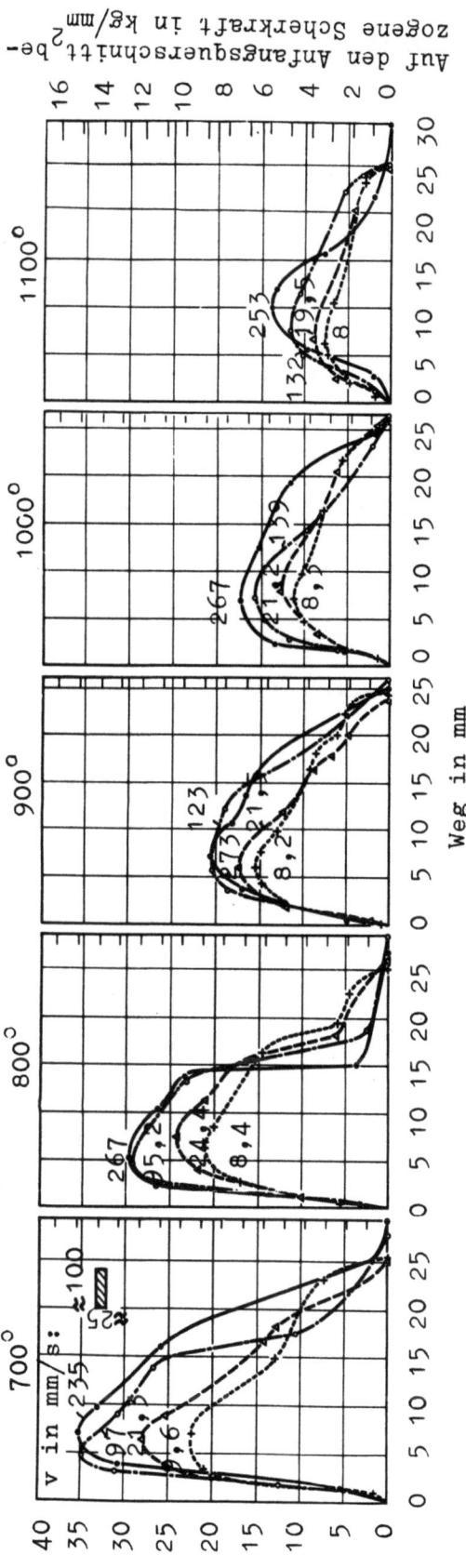

Abbildung 11

Kraft-Weg-Schaulinien für unterschiedliche Temperaturen und Schnittgeschwindigkeiten im Temperaturbereich 700 bis 1100° für Stahl 6. Querschnittsabmessung: 25 x 100 mm²; Schneidspalt: 0,5 mm

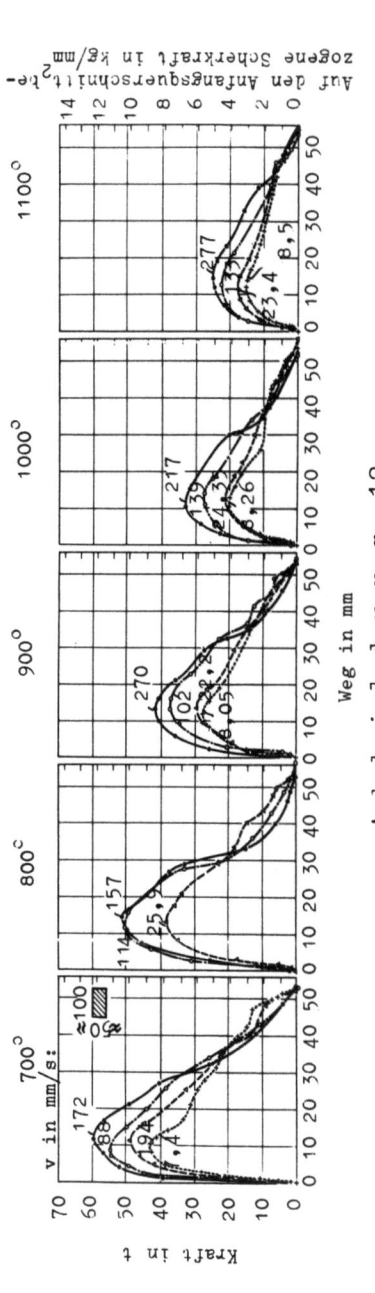

Abbildung 12

Kraft-Weg-Schaulinien für unterschiedliche Temperaturen und Schnittgeschwindigkeiten im Temperaturbereich 700 bis 1100° für Stahl 7. Querschnittsabmessung: 50 x 100 mm²; Schneidspalt: 0,5 mm

Flächen auf, die mit den Schermessern in Berührung stehen. Die Gegenflächen nehmen über den Niederhalter nur die Biegekomponenten auf.

Die Erhöhung der Scherfestigkeiten beim Scheren der Rechteckabmessungen 25 x 100 mm^2 gegenüber dem Scheren quadratischer Knüppel ist auf die Reibung an den Druckflächen zurückzuführen. Diese machen sich erst bei kleinem Verhältnis der Höhe zur Breite bemerkbar, das in diesem Falle 1:4 beträgt. Die dafür erhaltenen Scherfestigkeitskurven in Abhängigkeit von der Schnittgeschwindigkeit liegen im Mittel etwa 10 % oberhalb der entsprechenden Kurven, die für das Scheren quadratischer Abmessungen gewonnen wurden. Wie stark sich nun der Formeinfluß auf die Scherfestigkeit beim Scheren von Rechteckabmessungen von äusserst kleinem Verhältnis von Höhe zur Breite bemerkbar macht, z.B. beim Scheren von Warmblechen, bei denen das Verhältnis 1:200 betragen kann, müßte noch durch vergleichende Untersuchungen ermittelt werden. Es dürfte aber nicht allzusehr ins Gewicht fallen, da die Breitung an den Schnittmessern in ursächlichem Zusammenhang mit den Reibungseinflüssen steht. Die Breitung beträgt nämlich schon bei dem Verhältnis Höhe/Breite = 1:4 nur noch 1 %, so daß eine etwa 10 bis 15 %ige Erhöhung der für quadratische Querschnitte ermittelten Scherfestigkeit als die obere Grenze des möglichen Formeinflusses angesehen werden kann. An der Form der Schnittfläche erkennt man nämlich, daß der Werkstoff an den mit den Messern in Berührung stehenden Druckflächen breitet, und zwar nur in unmittelbarer Nachbarschaft der Schnittzone. Er staucht sich auf dem Messer auf, während die Gegenseite praktisch unverändert bleibt. Der Übergang verläuft verhältnismäßig gleichmäßig konisch, wie auch aus dem Bild der Schnittflächen zu entnehmen ist. Für gleiche Schnittbedingungen ist diese Breitung beim Quadrat verhältnismäßig groß, d.h. die Reibungskräfte sind verhältnismäßig klein. Sie beträgt bei 50 x 50 mm^2 etwa 12 % an der mit dem Messer in Berührung stehenden Fläche, bei dem Rechteck 50 x 100 mm^2 nimmt die prozentuale Breitung an dieser Fläche etwas ab, sie beträgt nur noch etwa 3 % und bei der flachsten geschnittenen Form, dem Rechteck 25 x 100 mm^2, ist die Breitung mit etwa 1 % noch geringer. Die Scherfestigkeit, die ein Maß für den Krafthöchstwert ist, müsste nun mit abnehmender Breitung zunehmen, der Anstieg auf Grund dieses Einflusses aber mit verschwindend kleiner Breitung klein werden. Diese Deutung steht nicht im Widerspruch zu den erhaltenen Ergebnissen.

In gleicher Weise wie die Scherfestigkeiten verhalten sich auch die Scherarbeiten, sodaß darauf nicht näher eingegangen werden soll.

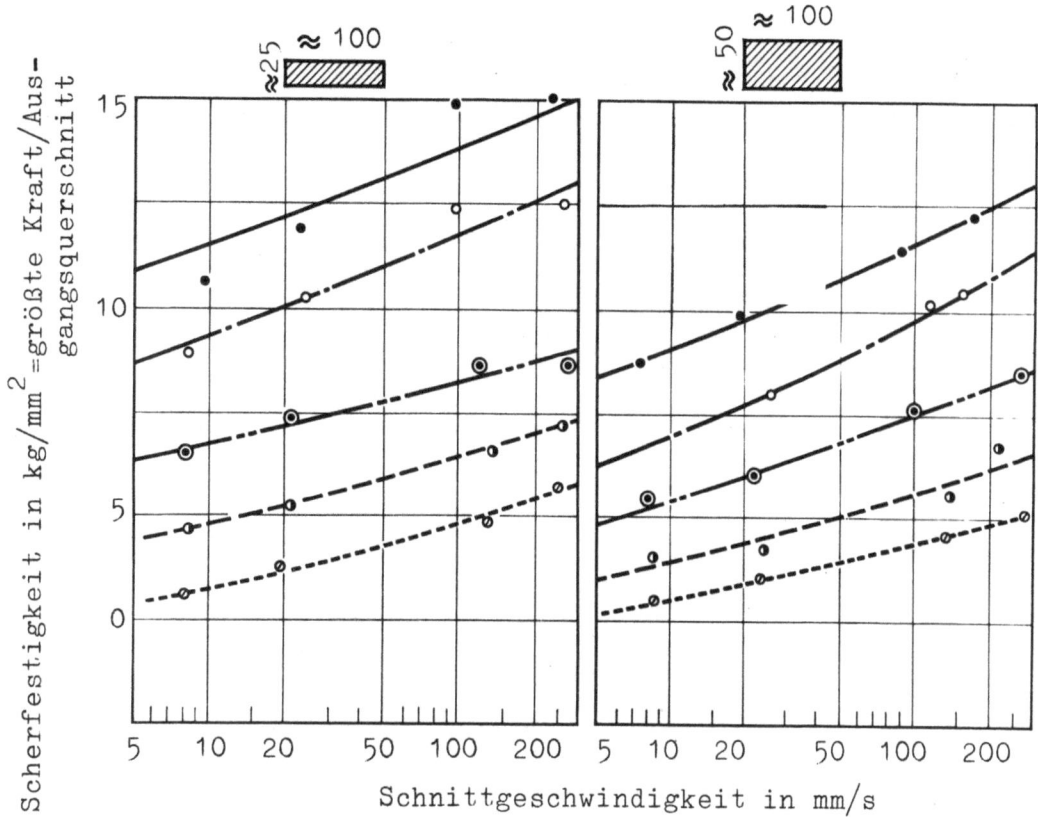

Abbildung 13

Die Scherfestigkeit in Abhängigkeit von der logarithmisch aufgetragenen Schnittgeschwindigkeit im Temperaturbereich 700 bis 1100° für Stahl 6: Querschnitt 25 x 100 mm² und Stahl 7: Querschnitt 50 x 100 mm²

Temperatur in °C:

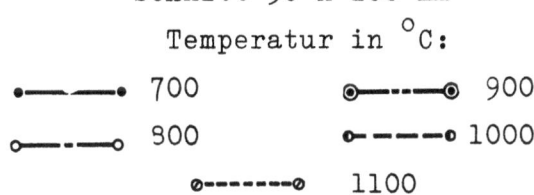

e) Einfluß der Spaltbreite und der Ausbildung der Schneidkante auf die Scherfestigkeit, die Kraft-Weg-Schaulinie und die Scherarbeit in Abhängigkeit von Temperatur und Schnittgeschwindigkeit

Eine Erweiterung des Schneidspaltes hat eine Vergrößerung der Zone zur Folge, in der der Werkstoff durch den Schervorgang mehr oder weniger stark bleibend verformt wird. Da der Schervorgang als eine Überlagerung von Biegung, reinem Schub und Zug aufzufassen ist, wird es unter Umständen eine Verschiebung dieser Anteile geben. Je breiter der Schneidspalt, um so länger wird z.B. die Verformung anhalten, die bei gut bildsamen Werkstoffen zur Zipfelbildung führt, so daß noch zusätzliche Formänderungsarbeit geleistet werden muß, bis es zum endgültigen Trennen des Werkstoffes kommt.

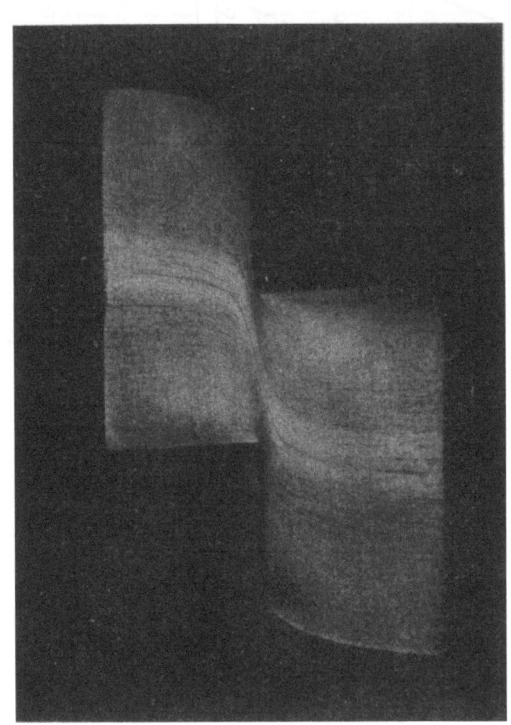

A b b i l d u n g 14
Längsschnitt durch eine halbabgescherte Probe (Ätzung
mit Ammonium-Chlorid; Querschnitt 50 x 50 mm^2)

Einen Einblick in den verwickelten Umformungsverlauf während des Schneidens vermittelt Abblung 14. Hier ist ein zur Hälfte durchschnittener Knüppel in seiner Mittellinie aufgetrennt und die Gefügeausbildung der Verformungszone durch Ätzen mit Kupfer-Ammonium-Chlorid sichtbar gemacht worden. Der Schneidspalt betrug 0,5 mm, doch erkennt man, daß der Werkstoff noch bis zu 20 mm von der eigentlichen Trennlinie entfernt von den Verformungsvorgängen im Schneidspalt miterfaßt wird. Die durch Ätzung sichtbar gemachten Seigerungslinien lassen erkennen, daß der Werkstoff seinen Zusammenhang möglichst lange zu bewahren sucht. Die Längsfasern des Werkstoffes werden zuerst auf die Biegung beansprucht und in den Schneidspalt hereingebogen und schließlich auf Zug beansprucht, während dessen sich die Verbiegung dieser Fasern immer mehr in entferntere Zonen hineinzieht. Trennung erfolgt dann, wenn für eine Faser das Formänderungsvermögen erschöpft ist.

Wenn es sich um eine reine Schubbeanspruchung handelte, so würde die Trennung für alle Fasern zum gleichen Zeitpunkt erfolgen, da sie ja alle die gleiche relative Verschiebung zueinander erleiden. Jedoch reißt die dem Scherwerkzeug unmittelbar gegenüberliegende Biegekante zuerst ein, da die dortigen Oberflächenfasern die größte Zug-Biegebeanspruchung aufnehmen müssen. Von dort aus pflanzt sich dann der Anriß durch den Querschnitt fort, so daß die Mittelfasern am längsten den Zusammenhang wahren.

Bei den Versuchen zeigte sich, daß eine Erweiterung des Schneidspaltes von 0,5 mm auf 1,0 und 1,5 mm nur geringfügige Veränderungen der Kraft-Weg-Schaulinien, der Scherfestigkeiten und Scherarbeiten zur Folge hat, so daß die erhaltenen Kurven sich praktisch decken. Daraus ist zu folgern, daß es bei den hier benutzten Knüppel-Abmessungen grösserer Spaltbreiten als 1,5 mm bedarf, um einen merklichen Einfluß auf den Schermechanismus hervorzurufen. Die Abstumpfung der Schneidkante hatte ebenfalls keinen merklichen Einfluß auf die Kennlinien.

Die Versuchsergebnisse bleiben also von kleinen Änderungen des Schneidspaltes und der Schärfe der Schermesserkanten weitgehend unbeeinflußt. Diese Erkenntnis steht in guter Übereinstimmung mit den Versuchsergebnissen von CHANG und SWIFT (1), die zeigen konnten, daß beim Scheren von gut bildsamen Werkstoffen, wie Blei, Zinn und Aluminium, erst bei einem Verhältnis von Scherspalt zu Dicke des Werkstoffes von mehr als etwa 5 % der Einfluß des Schneidspaltes sich dahingehend äussert, daß sich der Höchstwert der Scherkraft zu grösseren Scherwegen hin verschiebt, daß ferner der Höchstwert zwar abnimmt, dafür aber wegen der Vergrösserung des am Schervorgang teilnehmenden Volumens die Scherarbeit anwächst. So fanden die genannten Verfasser z.B. beim Kaltscheren von Aluminium, daß sich bei einer Erweiterung des Scherspaltes von nahezu Null auf 30 % (Verhältnis Schneidspalt zur Dicke des Werkstoffes) die Scherarbeit um etwa 18 % erhöht, die Scherfestigkeit aber um etwa 8 % erniedrigt hat. Eine Erweiterung des Scherspaltes auf 30 % würde bei den vorliegenden Untersuchungen, die sich insbesondere mit dem Scheren von Knüppeln von 50 mm vkt. befassen, eine Scherspaltbreite von 16 mm bedingen. Daraus ist zu entnehmen, daß bei den hier vorgenommenen kleinen Änderungen des Schneidspaltes, bei denen einem Schneidspalt von 1,5 mm ein Verhältnis von Schneidspalt/Werkstoffdicke = 3 % entspricht, eine Beeinflussung der Versuchsergebnisse nicht zu erwarten ist. Nach den Ergebnissen von CHANG und SWIFT zu urteilen, dürfte daher ein

Einfluß der Spaltbreite beim Warmscheren von Blöcken, Knüppeln und Platinen aus Stahl unter den betriebsüblichen Arbeitsbedingungen nicht von grundsätzlicher Bedeutung sein.

f) Einfluß der Temperatur und der Schnittgeschwindigkeit auf die Ausbildung der Schnittflächen

Für die Weiterverarbeitung des warmgeschnittenen Halbzeuges ist es oftmals von Bedeutung, daß die Schnittflächen sauber und frei von Unebenheiten sind. Wie sich aus den eingangs gemachten Bemerkungen ergibt, verhalten sich die Werkstoffe insbesondere beim Warmscheren bei hohen Temperaturen bildsam und neigen mit sinkender Temperatur zu sprödem Verhalten. Diese Eigentümlichkeiten müssen sich in der Ausbildung der Schnittflächen spiegeln. In Abbildung 15 sind die Schnittflächen wiedergegeben, die beim Schneiden von rechteckigen Querschnitten der Abmessung 50 x 100 mm^2 bei unterschiedlichen Temperaturen und Schnittgeschwindigkeiten entstanden. Bei den anderen untersuchten Abmessungen und Werkstoffen ergab sich grundsätzlich das gleiche Aussehen. Während bei 700° und der langsamen Schnittgeschwindigkeit von etwa 10 mm/s tiefe, zungenartige Einrisse in der Schnittfläche auftreten, die sich im übrigen in dem stufenförmigen Verlauf der Kraft-Weg-Schaulinien widerspiegeln, glätten sich mit wachsender Temperatur und Schnittgeschwindigkeit die Flächen immer mehr. So hat eine Erhöhung der Schnittgeschwindigkeit von 10 auf 300 mm/s den völligen Fortfall der tief ins Innere des Werkstoffes hereingehenden Einschnitte zur Folge und nur eine oberflächliche Rauhigkeit der Schnittfläche bleibt übrig. Werden die Schnittemperaturen erhöht, so macht diese Oberflächenrauhigkeit immer mehr einer glatten Schnittfläche Platz. Wie aus den Kraft-Weg-Schaulinien erkennbar ist, fallen bei den höheren Temperaturen damit auch die Stufen in den Schaulinien fort, die dann vom Krafthöchstwert nahezu geradlinig gegen Null abfallen. Beim Warmscheren erhält man fast immer saubere, glatte Schnittflächen, wenn der Schnitt bei Temperaturen oberhalb 1000° durchgeführt wird, wobei sich mit wachsender Schnittgeschwindigkeit noch geringfügige Verbesserungen der Schnittflächenausbildung erzielen lassen. Auch bei Temperaturen unterhalb 1000° werden die Schnittflächen mit Erhöhung der Schnittgeschwindigkeit zusehends glatter. Wie aber schon früher ausgeführt wurde, ist mit einer Erhöhung der Schnittgeschwindigkeit eine Zunahme von Scherkraft und Scherarbeit verbunden, so daß in diesem

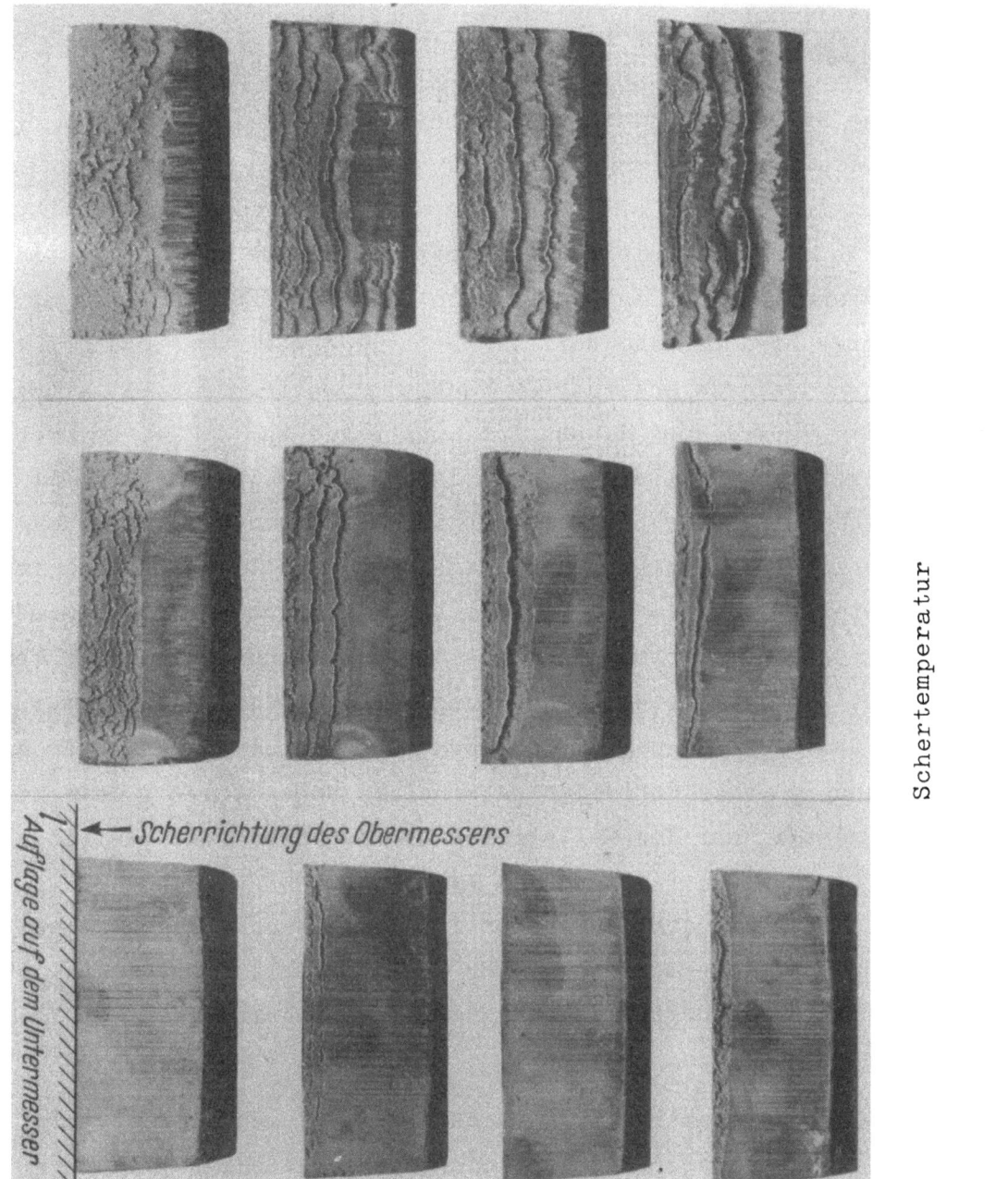

Abbildung 15
Einfluß von Schertemperatur und Schnittgeschwindigkeit
auf die Ausbildung der Schnittflächen
(Stahl 7: Querschnitt 50 x 100 mm^2; Schneidspalt 0,5 mm)

Temperaturbereich eine bessere Schnittflächenausbildung mit einem gesteigerten Kraft- und Arbeitsbedarf erkauft werden muß.

g) Fragen der Einordnung des Schervorgangs in die bekannten Umformungsvorgänge

Für die Vorausbestimmung des Kraft- und Arbeitsbedarfes beim Scheren beliebiger Werkstoffe und Abmessungen wäre es von grundsätzlicher Bedeutung, wenn ein Zusammenhang zu den übrigen Kenngrössen der Formgebung, insbesondere zur Formänderungsfestigkeit gefunden werden könnte. Aus den bereits erwähnten Überlagerungen von Biegung, reinem Schub und Zug geht hervor, daß ein eindeutiger Zusammenhang nur für fest vorgegebene Bedingungen erwartet werden kann. Jede Veränderung der äusseren Bedingungen hat grundsätzlich auch eine Veränderung dieses Zusammenhanges zur Folge. Andererseits haben die vorliegenden Versuche gezeigt, daß die Scherfestigkeit zwar stark auf Änderungen der Schnittgeschwindigkeit und Temperatur anspricht, die Einflüsse der Reibung und Schneidspaltausbildung jedoch im allgemeinen in Grenzen von etwa $\pm$ 10 % bleiben. Wenn daher die Formänderungsfestigkeit für entsprechende Formänderungsgeschwindigkeiten und Temperaturen bekannt ist, dürfte eine Zuordnung zur Scherfestigkeit unter entsprechenden Verformungsbedingungen nicht ganz aussichtslos sein. Hier muß aber betont werden, daß die Formulierung eines Zusammenhanges allein mit der Formänderungsfestigkeit des Werkstoffes niemals dem grundsätzlichen Aufbau des Schervorganges gerecht werden kann, sondern nur Zahlenwerte liefert, die ein Umrechnen der Kenngrößen des Stauch- oder Zugvorganges in die des Schervorganges ermöglichen. Für die Aufstellung grundsätzlicher Beziehungen wäre eine gegenseitige Abwägung der am Schervorgang beteiligten Teilvorgänge notwendig.

Da über das Formänderungsfestigkeitsverhalten der untersuchten Werkstoffe in Abhängigkeit von Temperatur und Formänderungsgeschwindigkeit noch keine Angaben vorliegen, muß die Gegenüberstellung von Werten der Formänderungsfestigkeit, die aus Stauchversuchen gewonnen werden, zu den hier ermittelten Werten der Scherfestigkeit vorerst zurückgestellt werden.

5. Zusammenfassung

An unlegierten, niedrig-legierten und hochlegierten Stählen wurde der Kraft- und Arbeitsbedarf für das Warmscheren von Knüppeln und Platinen im

Temperaturbereich von 700 bis 1100° bei Schnittgeschwindigkeiten von 5 bis 300 mm/s ermittelt. Die Scherkraft erwies sich hinsichtlich ihres Verlaufes und ihrer absoluten Höhe abhängig vom bildsamen oder spröden Verhalten des Werkstoffes während des Schnittes bzw. von Übergängen dazwischen. So blieb der Werkstoffzusammenhang bei rein bildsamem Schnittverhalten des Werkstoffes bis zum völligen Durchfahren des Schnittmessers an den noch nicht durchschnittenen Stellen gewahrt, so daß dauernd reine Scherarbeit zu leisten war, während bei sprödem Verhalten der Werkstoff nach kurzem Anschnitt völlig getrennt wurde und nur ein verschwindend kleiner Arbeitsbetrag für die Reibungsarbeit aufzuwenden blieb, die zum Vorbeischieben der Bruchflächen des schon getrennten Werkstoffs aneinander und an den Schermessern aufgebracht werden muß.

Die Neigung des Werkstoffes zu sprödem Verhalten nimmt mit sinkender Temperatur und steigender Schnittgeschwindigkeit zu. Nahezu rein sprödes Schnittverhalten zeigte aber nur ein 18/8-Cr-Ni-Stahl bei 700°. Während bei den übrigen Stählen die Kraft sehr stark mit der Schnittgeschwindigkeit ansteigt, - eine Erhöhung der Schnittgeschwindigkeit von 10 auf 300 mm/s entsprach in den Auswirkungen etwa einer Temperaturerniedrigung von 100° - war für den 18/8-Stahl bei 700° diese Abhängigkeit nur noch so wenig ausgeprägt, daß von einem der Kaltverformung ähnlichem Verhalten gesprochen werden konnte.

Als Scherfestigkeit wurde der auf den Anfangsquerschnitt bezogene Krafthöchstwert während des Schnittes angesetzt. Diese Grösse stellt also eine rein technische Kennzahl dar. Die Scherfestigkeit wächst für alle Temperaturen nahezu geradlinig mit der logarithmisch aufgetragenen Schnittgeschwindigkeit an; ein Verhalten, wie es ähnlich auch bei der Formänderungsfestigkeit zu beobachten ist. Im gleichen Sinne nimmt auch die Scherarbeit mit der logarithmisch aufgetragenen Schnittgeschwindigkeit zu. Die Querschnittsform des Werkstoffes hat nur einen geringfügigen Einfluß auf die Scherfestigkeit. Mit wachsendem Verhältnis von Breite zu Höhe erhöht sich wohl der Kraftbedarf, jedoch dürfte der Anstieg gegenüber dem Kraftbedarf bei quadratischen Abmessungen 10 bis 15 % nicht übersteigen.

Ein Einfluß der Schneidspaltbreite und der Ausbildung der Schneidkante auf die Scherfestigkeit wurde bei den vorliegenden Untersuchungen nicht festgestellt. Ein solcher ist nach den früheren Untersuchungen erst dann zu erwarten, wenn das Verhältnis von Schneidspalt zur Dicke des Werkstoffes etwa 5 % übersteigt. Dieses Verhältnis wird aber beim Warmscheren - insbesondere beim Blockscheren - selten erreicht.

Die Temperatur beim Scheren und die Schnittgeschwindigkeit beeinflussen die Ausbildung der Schnittfläche. Eine Erhöhung der Temperatur wirkt wie eine Erhöhung der Schnittgeschwindigkeit im Sinne einer Verbesserung der Schnittfläche.

Prof. Dr. phil. Franz WEVER
Dr.-Ing. Werner LUEG
Dr.-Ing. Hans Günter MÜLLER

Max-Planck-Institut für Eisenforschung, Düsseldorf

6. Literaturverzeichnis

(1) CHANG, T.M. und H.W. SWIFT   The Journal of the Inst.of Metals
78 (1950/51) S. 119/146

      CHANG, T.M.   The Journal of the Inst.of Metals
78 (1950/51) S. 393/414

(2) FINK, W., W. LUEG und G. BÜRGER   Arch. Eisenhüttenw. 26 (1955) H. 11, S. 655/68

(3) POMP, A., Th. MÜNKER und W. LUEG   Mitt.Kais.-Wilh.Inst. Eisenforschg. 20 (1938) S. 265/91.- Bgl. Stahl u. Eisen 59 (1939) S. 649/61

FORSCHUNGSBERICHTE DES WIRTSCHAFTS- UND VERKEHRSMINISTERIUMS NORDRHEIN-WESTFALEN

Herausgegeben von Staatssekretär Prof. Dr. h. c. Leo Brandt

HEFT 1
Prof. Dr.-Ing. E. Flegler, Aachen
Untersuchungen oxydischer Ferromagnet-Werkstoffe
1952, 20 Seiten, DM 6,75

HEFT 2
Prof. Dr. W. Fuchs, Aachen
Untersuchungen über absatzfreie Teeröle
1952, 32 Seiten, 5 Abb., 6 Tabellen, DM 10,—

HEFT 3
Techn.-Wissenschaftl. Büro für die Bastfaserindustrie, Bielefeld
Untersuchungsarbeiten zur Verbesserung des Leinenwebstuhls
1952, 44 Seiten, 7 Abb., 3 Tabellen, DM 12,50

HEFT 4
Prof. Dr. E. A. Müller und Dipl.-Ing. H. Spitzer, Dortmund
Untersuchungen über die Hitzebelastung in Hüttenbetrieben
1952, 28 Seiten, 5 Abb., 1 Tabelle, DM 9,—

HEFT 5
Dipl.-Ing. W. Fister, Aachen
Prüfstand der Turbinenuntersuchungen
1952, 40 Seiten, 30 Abb., 3 Schaltbilder, DM 1,—

HEFT 6
Prof. Dr. W. Fuchs, Aachen
Untersuchungen über die Zusammensetzung und Verwendbarkeit von Schwelteerfraktionen
1952, 36 Seiten, DM 10,50

HEFT 7
Prof. Dr. W. Fuchs, Aachen
Untersuchungen über emsländisches Petrolatum
1952, 36 Seiten, 1 Abb., 17 Tabellen, DM 10,50

HEFT 8
M. E. Meffert und H. Stratmann, Essen
Algen-Großkulturen im Sommer 1951
1953, 52 Seiten, 4 Abb., 20 Tabellen, DM 9,75

HEFT 9
Techn.-Wissenschaftl. Büro für die Bastfaserindustrie, Bielefeld
Untersuchungen über die zweckmäßige Wicklungsart von Leinengarnkreuzspulen unter Berücksichtigung der Anwendung hoher Geschwindigkeiten des Garnes
Vorversuche für Zetteln und Schären von Leinengarnen auf Hochleistungsmaschinen
1952, 48 Seiten, 7 Abb., 7 Tabellen, DM 9,25

HEFT 10
Prof. Dr. W. Vogel, Köln
„Das Streifenpaar" als neues System zur mechanischen Vergrößerung kleiner Verschiebungen und seine technischen Anwendungsmöglichkeiten
1953, 20 Seiten, 6 Abb., DM 4,50

HEFT 11
Laboratorium für Werkzeugmaschinen und Betriebslehre, Technische Hochschule Aachen
1. Untersuchungen über Metallbearbeitung im Fräsvorgang mit Hartmetallwerkzeugen und negativem Spanwinkel
2. Weiterentwicklung des Schleifverfahrens für die Herstellung von Präzisionswerkstücken unter Vermeidung hoher Temperaturen
3. Untersuchung von Oberflächenveredlungsverfahren zur Steigerung der Belastbarkeit hochbeanspruchter Bauteile
1953, 80 Seiten, 61 Abb., DM 15,75

HEFT 12
Elektrowärme-Institut, Langenberg (Rhld.)
Induktive Erwärmung mit Netzfrequenz
1952, 22 Seiten, 6 Abb., DM 5,20

HEFT 13
Techn.-Wissenschaftl. Büro für die Bastfaserindustrie, Bielefeld
Das Naßspinnen von Bastfasergarnen mit chemischen Zusätzen zum Spinnbad
1953, 52 Seiten, 4 Abb., 19 Tabellen, DM 10,—

HEFT 14
Forschungsstelle für Acetylen, Dortmund
Untersuchungen über Aceton als Lösungsmittel für Acetylen
1952, 64 Seiten, 10 Abb., 26 Tabellen, DM 12,25

HEFT 15
Wäschereiforschung Krefeld
Trocknen von Wäschestoffen
1953, 48 Seiten, 14 Abb., 2 Tabellen, DM 9,—

HEFT 16
Max-Planck-Institut für Kohlenforschung, Mülheim a. d. Ruhr
Arbeiten des MPI für Kohlenforschung
1953, 104 Seiten, 9 Abb., DM 17,80

HEFT 17
Ingenieurbüro Herbert Stein, M.-Gladbach
Untersuchung der Verzugsvorgänge in den Streckwerken verschiedener Spinnereimaschinen. 1. Bericht: Vergleichende Prüfung mit verschiedenen Dickenmeßgeräten
1952, 36 Seiten, 15 Abb., DM 8,—

HEFT 18
Wäschereiforschung Krefeld
Grundlagen zur Erfassung der chemischen Schädigung beim Waschen
1953, 68 Seiten, 15 Abb., 15 Tabellen, DM 12,75

HEFT 19
Techn.-Wissenschaftl. Büro für die Bastfaserindustrie, Bielefeld
Die Auswirkung des Schlichtens von Leinengarnketten auf den Verarbeitungswirkungsgrad, sowie die Festigkeit und Dehnungsverhältnisse der Garne und Gewebe
1953, 48 Seiten, 1 Abb., 9 Tabellen, DM 9,—

HEFT 20
Techn.-Wissenschaftl. Büro für die Bastfaserindustrie, Bielefeld
Trocknung von Leinengarnen I
Vorgang und Einwirkung auf die Garnqualität
1953, 62 Seiten, 18 Abb., 5 Tabellen, DM 12,—

HEFT 21
Techn.-Wissenschaftl. Büro für die Bastfaserindustrie, Bielefeld
Trocknung von Leinengarnen II
Spulenanordnung und Luftführung beim Trocknen von Kreuzspulen
1953, 66 Seiten, 22 Abb., 9 Tabellen, DM 13,—

HEFT 22
Techn.-Wissenschaftl. Büro für die Bastfaserindustrie, Bielefeld
Die Reparaturanfälligkeit von Webstühlen
1953, 28 Seiten, 7 Abb., 5 Tabellen, DM 5,80

HEFT 23
Institut für Starkstromtechnik, Aachen
Rechnerische und experimentelle Untersuchungen zur Kenntnis der Metadyne als Umformer von konstanter Spannung auf konstanten Strom
1953, 52 Seiten, 20 Abb., 4 Tafeln, DM 9,75

HEFT 24
Institut für Starkstromtechnik, Aachen
Vergleich verschiedener Generator-Metadyne-Schaltungen in bezug auf statisches Verhalten
1952, 44 Seiten, 23 Abb., DM 8,50

HEFT 25
Gesellschaft für Kohlentechnik mbH., Dortmund-Eving
Struktur der Steinkohlen und Steinkohlen-Kokse
1953, 58 Seiten, DM 11,—

HEFT 26
Techn.-Wissenschaftl. Büro für die Bastfaserindustrie, Bielefeld
Vergleichende Untersuchungen zweier neuzeitlicher Ungleichmäßigkeitsprüfer für Bänder und Garne hinsichtlich ihrer Eignung für die Bastfaserspinnerei
1953, 64 Seiten, 30 Abb., DM 12,50

HEFT 27
Prof. Dr. E. Schratz, Münster
Untersuchungen zur Rentabilität des Arzneipflanzenanbaues Römische Kamille, Anthemis nobilis L.
1953, 16 Seiten, 1 Tabelle, DM 3,60

HEFT 28
Prof. Dr. E. Schratz, Münster
Calendula officinalis L. Studien zur Ernährung, Blütenfüllung und Rentabilität der Drogengewinnung
1953, 24 Seiten, 2 Abb., 3 Tabellen, DM 5,20

HEFT 29
Techn.-Wissenschaftl. Büro für die Bastfaserindustrie, Bielefeld
Die Ausnützung der Leinengarne in Geweben
1953, 100 Seiten, 14 Abb., 10 Tabellen, DM 17,80

HEFT 30
Gesellschaft für Kohlentechnik mbH., Dortmund-Eving
Kombinierte Entaschung und Verschwelung von Steinkohle; Aufarbeitung von Steinkohlenschlämmen zu verkokbarer oder verschwelbarer Kohle
1953, 56 Seiten, 16 Abb., 10 Tabellen, DM 10,50

HEFT 31
Dipl.-Ing. A. Stormanns, Essen
Messung des Leistungsbedarfs von Doppelsteg-Kettenförderern
1954, 54 Seiten, 18 Abb., 3 Anlagen, DM 11,—

HEFT 32
Techn.-Wissenschaftl. Büro für die Bastfaserindustrie, Bielefeld
Der Einfluß der Natriumchloridbleiche auf Qualität und Verwebbarkeit von Leinengarnen und die Eigenschaften der Leinengewebe unter besonderer Berücksichtigung des Einsatzes von Schützen- und Spulenwechselautomaten in der Leinenweberei
1953, 64 Seiten, 2 Abb., 12 Tabellen, DM 11,50

HEFT 33
Kohlenstoffbiologische Forschungsstation e. V.
Eine Methode zur Bestimmung von Schwefeldioxyd und Schwefelwasserstoff in Rauchgasen und in der Atmosphäre
1953, 32 Seiten, 8 Abb., 3 Tabellen, DM 6,50

HEFT 34
Textilforschungsanstalt Krefeld
Quellungs- und Entquellungsvorgänge bei Faserstoffen
1953, 52 Seiten, 13 Abb., 13 Tabellen, DM 9,80

WESTDEUTSCHER VERLAG · KÖLN UND OPLADEN

HEFT 35
Professor Dr. W. Kast, Krefeld
Feinstrukturuntersuchungen an künstlichen Zellulosefasern verschiedener Herstellungsverfahren. Teil I: Der Orientierungszustand
1953, 74 Seiten, 30 Abb., 7 Tabellen, DM 13,80

HEFT 36
Forschungsinstitut der feuerfesten Industrie, Bonn
Untersuchungen über die Trocknung von Rohton
Untersuchungen über die chemische Reinigung von Silika- und Schamotte-Rohstoffen mit chlorhaltigen Gasen
1953, 60 Seiten, 5 Abb., 5 Tabellen, DM 11,—

HEFT 37
Forschungsinstitut der feuerfesten Industrie, Bonn
Untersuchungen über den Einfluß der Probenvorbereitung auf die Kaltdruckfestigkeit feuerfester Steine
1953, 40 Seiten, 2 Abb., 5 Tabellen, DM 7,80

HEFT 38
Forschungsstelle für Acetylen, Dortmund
Untersuchungen über die Trocknung von Acetylen zur Herstellung von Dissousgas
1953, 36 Seiten, 11 Abb., 3 Tabellen, DM 6,80

HEFT 39
Forschungsgesellschaft Blechverarbeitung e. V., Düsseldorf
Untersuchungen an prägegemusterten und vorgelochten Blechen
1953, 46 Seiten, 34 Abb., DM 9,50

HEFT 40
*Landesgeologe Dr.-Ing. W. Wolff,
Amt für Bodenforschung, Krefeld*
Untersuchungen über die Anwendbarkeit geophysikalischer Verfahren zur Untersuchung von Spateisengängen im Siegerland
1953, 46 Seiten, 8 Abb., DM 8,80

HEFT 41
Techn.-Wissenschaftl. Büro für die Bastfaserindustrie, Bielefeld
Untersuchungsarbeiten zur Verbesserung des Leinenwebstuhles II
1953, 40 Seiten, 4 Abb., 5 Tabellen, DM 7,80

HEFT 42
Professor Dr. B. Helferich, Bonn
Untersuchungen über Wirkstoffe — Fermente — in der Kartoffel und die Möglichkeit ihrer Verwendung
1953, 58 Seiten, 9 Abb., DM 11,—

HEFT 43
Forschungsgesellschaft Blechverarbeitung e. V., Düsseldorf
Forschungsergebnisse über das Beizen von Blechen
1953, 48 Seiten, 38 Abb., 2 Tabellen, DM 11,30

HEFT 44
Arbeitsgemeinschaft für praktische Dehnungsmessung, Düsseldorf
Eigenschaften und Anwendungen von Dehnungsmeßstreifen
1953, 68 Seiten, 43 Abb., 2 Tabellen, DM 13,70

HEFT 45
Losenhausenwerk Düsseldorfer Maschinenbau AG., Düsseldorf
Untersuchungen von störenden Einflüssen auf die Lastgrenzenanzeige von Dauerschwingprüfmaschinen
1953, 36 Seiten, 11 Abb., 3 Tabellen, DM 7,25

HEFT 46
Prof. Dr. W. Fuchs, Aachen
Untersuchungen über die Aufbereitung von Wasser für die Dampferzeugung in Benson-Kesseln
1953, 58 Seiten, 18 Abb., 9 Tabellen, DM 11,20

HEFT 47
Prof. Dr.-Ing. K. Krekeler, Aachen
Versuche über die Anwendung der induktiven Erwärmung zum Sintern von hochschmelzenden Metallen sowie zur Anlegierung und Vergütung von aufgespritzten Metallschichten mit dem Grundwerkstoff
1954, 66 Seiten, 39 Abb., DM 13,90

HEFT 48
Max-Planck-Institut für Eisenforschung, Düsseldorf
Spektrochemische Analyse der Gefügebestandteile in Stählen nach ihrer Isolierung
1953, 38 Seiten, 8 Abb., 5 Tabellen, DM 7,80

HEFT 49
Max-Planck-Institut für Eisenforschung, Düsseldorf
Untersuchungen über Ablauf der Desoxydation und die Bildung von Einschlüssen in Stählen
1953, 52 Seiten, 19 Abb., 3 Tabellen, DM 12,40

HEFT 50
Max-Planck-Institut für Eisenforschung, Düsseldorf
Flammenspektralanalytische Untersuchung der Ferritzusammensetzung in Stählen
1953, 44 Seiten, 15 Abb., 4 Tabellen, DM 8,60

HEFT 51
Verein zur Förderung von Forschungs- und Entwicklungsarbeiten in der Werkzeugindustrie e. V., Remscheid
Untersuchungen an Kreissägeblättern für Holz, Fehler- und Spannungsprüfverfahren
1953, 50 Seiten, 23 Abb., DM 10,—

HEFT 52
Forschungsstelle für Acetylen, Dortmund
Untersuchungen über den Umsatz bei der explosiblen Zersetzung von Azetylen
 a) Zersetzung von gasförmigem Azetylen
 b) Zersetzung von an Silikagel absorbiertem Azetylen
1954, 48 Seiten, 8 Abb., 10 Tabellen, DM 9,25

HEFT 53
Professor Dr.-Ing. H. Opitz, Aachen
Reibwert und Verschleißmessungen an Kunststoffgleitführungen für Werkzeugmaschinen
1954, 38 Seiten, 18 Abb., DM 8,20

HEFT 54
Professor Dr.-Ing. F. A. F. Schmidt, Aachen
Schaffung von Grundlagen für die Erhöhung der spez. Leistung und Herabsetzung des spez. Brennstoffverbrauches bei Ottomotoren mit Teilbericht über Arbeiten an einem neuen Einspritzverfahren
1954, 34 Seiten, 15 Abb., DM 7,40

HEFT 55
Forschungsgesellschaft Blechverarbeitung e. V., Düsseldorf
Chemisches Glänzen von Messing und Neusilber
1954, 50 Seiten, 21 Abb., 1 Tabelle, DM 10,20

HEFT 56
Forschungsgesellschaft Blechverarbeitung e. V., Düsseldorf
Untersuchungen über einige Probleme der Behandlung von Blechoberflächen
1954, 52 Seiten, 42 Abb., DM 11,20

HEFT 57
Prof. Dr.-Ing. F. A. F. Schmidt, Aachen
Untersuchungen zur Erforschung des Einflusses des chemischen Aufbaues des Kraftstoffes auf sein Verhalten im Motor und in Brennkammern von Gasturbinen
1954, 70 Seiten, 32 Abb., DM 14,60

HEFT 58
Gesellschaft für Kohlentechnik mbH., Dortmund
Herstellung und Untersuchung von Steinkohlenschwelteer
1954, 74 Seiten, 9 Abb., 9 Tabellen, DM 13,75

HEFT 59
Forschungsinstitut der Feuerfest-Industrie. e. V., Bonn
Ein Schnellanalysenverfahren zur Bestimmung von Aluminiumoxyd, Eisenoxyd und Titanoxyd in feuerfestem Material mittels organischer Farbreagenzien auf photometrischem Wege
Untersuchungen des Alkali-Gehaltes feuerfester Stoffe mit dem Flammenphotometer nach Riehm-Lange
1954, 62 Seiten, 12 Abb., 3 Tabellen, DM 11,60

HEFT 60
Forschungsgesellschaft Blechverarbeitung e. V., Düsseldorf
Untersuchungen über das Spritzlackieren im elektrostatischen Hochspannungsfeld
1954, 82 Seiten, 53 Abb., 7 Tabellen, DM 17,—

HEFT 61
Verein zur Förderung von Forschungs- und Entwicklungsarbeiten in der Werkzeugindustrie e. V., Remscheid
Schwingungs- und Arbeitsverhalten von Kreissägeblättern für Holz
1954, 54 Seiten, 31 Abb., DM 11,40

HEFT 62
Professor Dr. W. Franz, Institut für theoretische Physik der Universität Münster
Berechnung des elektrischen Durchschlags durch feste und flüssige Isolatoren
1954, 36 Seiten, DM 7,—

HEFT 63
Textilforschungsanstalt Krefeld
Neue Methoden zur Untersuchung der Wirkungsweise von Textilhilfsmitteln
Untersuchungen über Schlichtungs- und Entschlichtungsvorgänge
34 Seiten, 1 Abb., 5 Tabellen, DM 6,80

HEFT 64
Textilforschungsanstalt Krefeld
Die Kettenlängenverteilung von hochpolymeren Faserstoffen
Über die fraktionierte Fällung von Polyamiden
1954, 44 Seiten, 13 Abb., DM 8,60

HEFT 65
Fachverband Schneidwarenindustrie, Solingen
Untersuchungen über das elektrolytische Polieren von Tafelmesserklingen aus rostfreiem Stahl
1954, 90 Seiten, 38 Abb., 9 Tabellen, DM 17,35

HEFT 66
Dr.-Ing. P. Füsgen VDI †, Düsseldorf
Untersuchungen über das Auftreten des Ratterns bei selbsthemmenden Schneckengetrieben und seine Verhütung
1954, 32 Seiten, 5 Abb., DM 6,60

HEFT 67
Heinrich Wösthoff o. H. G., Apparatebau, Bochum
Entwicklung einer chemisch-physikalischen Apparatur zur Bestimmung kleinster Kohlenoxyd-Konzentrationen
1954, 94 Seiten, 48 Abb., 2 Tabellen, DM 18,25

HEFT 68
Kohlenstoffbiologische Forschungsstation e. V., Essen
Algengroßkulturen im Sommer 1952
II. Über die unsterile Großkultur von Scenedesmus obliquus
1954, 62 Seiten, 3 Abb., 29 Tabellen, DM 11,40

HEFT 69
Wäschereiforschung Krefeld
Bestimmung des Faserabbaues bei Leinen unter besonderer Berücksichtigung der Leinengarnbleiche
1954, 48 Seiten, 15 Abb., 3 Tabellen, DM 9,60

HEFT 70
Wäschereiforschung Krefeld
Trocknen von Wäschestoffen
1954, 52 Seiten, 18 Abb., 3 Tabellen, DM 10,—

HEFT 71
Prof. Dr.-Ing. K. Leist, Aachen
Kleingasturbinen, insbesondere zum Fahrzeugantrieb
1954, 114 Seiten, 85 Abb., DM 22,—

HEFT 72
Prof. Dr.-Ing. K. Leist, Aachen
Beitrag zur Untersuchung von stehenden geraden Turbinengittern mit Hilfe von Druckverteilungsmessungen
1954, 152 Seiten, 111 Abb., DM 36,20

HEFT 73
Prof. Dr.-Ing. K. Leist, Aachen
Spannungsoptische Untersuchungen von Turbinenschaufelfüßen
1954, 66 Seiten, 46 Abb., 2 Tabellen, DM 14,60

HEFT 74
Max-Planck-Institut für Eisenforschung, Düsseldorf
Versuche zur Klärung des Umwandlungsverhaltens eines sonderkarbidbildenden Chromstahls
1954, 58 Seiten, 10 Abb., DM 14,—

HEFT 75
Max-Planck-Institut für Eisenforschung, Düsseldorf
Zeit-Temperatur-Umwandlungs-Schaubilder als Grundlage der Wärmebehandlung der Stähle
1954, 44 Seiten, 13 Abb., DM 8,70

HEFT 76
Max-Planck-Institut für Arbeitsphysiologie, Dortmund
Arbeitstechnische und arbeitsphysiologische Rationalisierung von Mauersteinen
1954, 52 Seiten, 12 Abb., 3 Tabellen, DM 10,20

HEFT 77
Meteor Apparatebau Paul Schmeck GmbH., Siegen
Entwicklung von Leuchtstoffröhren hoher Leistung
1954, 46 Seiten, 12 Abb., 2 Tabellen, DM 9,15

HEFT 78
Forschungsstelle für Acetylen, Dortmund
Über die Zustandsgleichung des gasförmigen Acetylens und das Gleichgewicht Acetylen — Aceton
1954, 42 Seiten, 3 Abb., 8 Tabellen, DM 8,—

HEFT 79
Techn.-Wissenschaftl. Büro für die Bastfaserindustrie, Bielefeld
Trocknung von Leinengarnen III
Spinnspulen- und Spinnkopstrocknung
Vorgang und Einwirkung auf die Garnqualität
1954, 74 Seiten, 18 Abb., 10 Tabellen, DM 14,—

WESTDEUTSCHER VERLAG · KÖLN UND OPLADEN

HEFT 80
Techn.-Wissenschaftl. Büro für die Bastfaserindustrie, Bielefeld
Die Verarbeitung von Leinengarn auf Webstühlen mit und ohne Oberbau
1954, 30 Seiten, 2 Abb., 2 Tabellen, DM 6,—

HEFT 81
Prüf- und Forschungsinstitut für Ziegeleierzeugnisse, Essen-Kray
Die Einführung des großformatigen Einheits-Gitterziegels im Lande Nordrhein-Westfalen
1954, 54 Seiten, 2 Abb., 2 Tabellen, DM 10,—

HEFT 82
Vereinigte Aluminium-Werke AG., Bonn
Forschungsarbeiten auf dem Gebiet der Veredelung von Aluminium-Oberflächen
1954, 46 Seiten, 34 Abb., DM 9,60

HEFT 83
Prof. Dr. S. Strugger, Münster
Über die Struktur der Proplastiden
1954, 30 Seiten, 15 Abb., DM 8,40

HEFT 84
Dr. H. Baron, Düsseldorf
Über Standardisierung von Wundtextilien
1954, 32 Seiten, DM 6,40

HEFT 85
Textilforschungsanstalt Krefeld
Physikalische Untersuchungen an Fasern, Fäden, Garnen und Geweben:
Untersuchungen am Knickscheuergerät nach Weltzien
1954, 40 Seiten, 11 Abb., 8 Tabellen, DM 10,—

HEFT 86
Prof. Dr.-Ing. H. Opitz, Aachen
Untersuchungen über das Fräsen von Baustahl sowie über den Einfluß des Gefüges auf die Zerspanbarkeit
1954, 108 Seiten, 73 Abb., 7 Tabellen, DM 22,—

HEFT 87
Gemeinschaftsausschuß Verzinken, Düsseldorf
Untersuchungen über Güte von Verzinkungen
1954, 68 Seiten, 56 Abb., 3 Tabellen, DM 15,30

HEFT 88
Gesellschaft für Kohlentechnik mbH., Dortmund-Eving
Oxydation von Steinkohle mit Salpetersäure
1954, 62 Seiten, 2 Abb., 1 Tabelle, DM 11,50

HEFT 89
Verein Deutscher Ingenieure, Gleitlagerforschung, Düsseldorf und Prof. Dr.-Ing. G. Vogelpohl, Göttingen
Versuche mit Preßstoff-Lagern für Walzwerke
1954, 70 Seiten, 34 Abb., DM 14,10

HEFT 90
Forschungs-Institut der Feuerfest-Industrie, Bonn
Das Verhalten von Silikasteinen im Siemens-Martin-Ofengewölbe
1954, 62 Seiten, 15 Abb., 11 Tabellen, DM 11,90

HEFT 91
Forschungs-Institut der Feuerfest-Industrie, Bonn
Untersuchungen des Zusammenhangs zwischen Leistung und Kohlenverbrauch von Kammeröfen zum Brennen von feuerfesten Materialien
1954, 42 Seiten, 6 Abb., DM 8,30

HEFT 92
Techn.-Wissenschaftl. Büro für die Bastfaserindustrie, Bielefeld
und Laboratorium für textile Meßtechnik, M.-Gladbach
Messungen von Vorgängen am Webstuhl
1954, 76 Seiten, 45 Abb., DM 15,50

HEFT 93
Prof. Dr. W. Kast, Krefeld
Spinnversuche zur Strukturerfassung künstlicher Zellulosefasern
1954, 82 Seiten, 39 Abb., 6 Tabellen, DM 16,—

HEFT 94
Prof. Dr. G. Winter, Bonn
Die Heilpflanzen des MATTHIOLUS (1611) gegen Infektionen der Harnwege und Verunreinigung der Wunden bzw. zur Förderung der Wundheilung im Lichte der Antibiotikaforschung
1954, 58 Seiten, 1 Abb., 2 Tabellen, DM 11,50

HEFT 95
Prof. Dr. G. Winter, Bonn
Untersuchungen über die flüchtigen Antibiotika aus der Kapuziner- (Tropaeolum maius) und Gartenkresse (Lepidium sativum) und ihr Verhalten im menschlichen Körper bei Aufnahme von Kapuziner- bzw. Gartenkressensalat per os
1955, 74 Seiten, 9 Abb., 25 Tabellen, DM 14,—

HEFT 96
Dr.-Ing. P. Koch, Dortmund
Austritt von Exoelektronen aus Metalloberflächen unter Berücksichtigung der Verwendung des Effektes für die Materialprüfung
1954, 34 Seiten, 13 Abb., DM 7,—

HEFT 97
Ing. H. Stein, Laboratorium für textile Meßtechnik, M.-Gladbach
Untersuchung der Verzugsvorgänge an den Streckwerken verschiedener Spinnereimaschinen
2. Bericht: Ermittlung der Haft-Gleiteigenschaften von Faserbändern und Vorgarnen
1955, 98 Seiten, 54 Abb., DM 21,—

HEFT 98
Fachverband Gesenkschmieden, Hagen
Die Arbeitsgenauigkeit beim Gesenkschmieden unter Hämmern
1955, 132 Seiten, 55 Abb., 9 Tabellen, DM 24,75

HEFT 99
Prof. Dr.-Ing. G. Garbotz, Aachen
Der Kraft- und Arbeitsaufwand sowie die Leistungen beim Biegen von Bewehrungsstählen in Abhängigkeit von den Abmessungen, den Formen und der Güte der Stähle (Ermittlung von Leistungsrichtlinien)
1955, 136 Seiten, 53 Abb., 3 Anlagen, 18 Tabellen, DM 30,—

HEFT 100
Prof. Dr.-Ing. H. Opitz, Aachen
Untersuchungen von elektrischen Antrieben, Steuerungen und Regelungen an Werkzeugmaschinen
1955, 166 Seiten, 71 Abb., 3 Tabellen, DM 31,30

HEFT 101
Prof. Dr.-Ing. H. Opitz, Aachen
Wirtschaftlichkeitsbetrachtungen beim Außenrundschleifen
1955, 100 Seiten, 56 Abb., 3 Tabellen, DM 19,30

HEFT 102
Dr. P. Hölemann, Ing. R. Hasselmann und Ing. G. Dix, Dortmund
Untersuchungen über die thermische Zündung von explosiblen Acetylenzersetzungen in Kapillaren
1954, 44 Seiten, 5 Abb., 4 Tabellen, DM 8,60

HEFT 103
Prof. Dr. W. Weizel, Bonn
Durchführung von experimentellen Untersuchungen über den zeitlichen Ablauf von Funken in komprimierten Edelgasen sowie zu deren mathematischen Berechnung
1955, 46 Seiten, 12 Abb., DM 9,10

HEFT 104
Prof. Dr. W. Weizel, Bonn
Über den Einfluß der Elektroden auf die Eigenschaften von Cadmium-Sulfid-Widerstands-Photozellen
1955, 48 Seiten, 12 Abb., DM 9,45

HEFT 105
Dr.-Ing. R. Meldau, Harsewinkel/Westf.
Auswertung von Gekörn — Analysen des Musterstaubes „Flugasche Fortuna I"
1955, 42 Seiten, 14 Abb., DM 8,50

HEFT 106
ORR. Dr.-Ing. W. Küch, Dortmund
Untersuchungen über die Einwirkung von feuchtigkeitsgesättigter Luft auf die Festigkeit von Leimverbindungen
1954, 60 Seiten, 10 Abb., 6 Tabellen, DM 11,40

HEFT 107
Prof. Dr. H. Lange und Dipl.-Phys. P. St. Pütter, Köln
Über die Konstruktion von Laboratoriumsmagneten
1955, 66 Seiten, 19 Abb., 1 Tabelle, DM 12,30

HEFT 108
Prof. Dr. W. Fuchs, Aachen
Untersuchungen über neue Beizmethoden und Beizabwässer
I. Die Entzunderung von Drähten mit Natriumhydrid
II. Die Aufbereitung von Beizabwässern
1955, 82 S., 15 Abb., 14 Tabellen, 1 Falttafel, DM 15,25

HEFT 109
Dr. P. Hölemann und Ing. R. Hasselmann, Dortmund
Untersuchungen über die Löslichkeit von Azetylen in verschiedenen organischen Lösungsmitteln
1954, 42 Seiten, 10 Abb., 8 Tabellen, DM 8,30

HEFT 110
Dr. P. Hölemann und Ing. R. Hasselmann, Dortmund
Untersuchungen über den Druckverlauf bei der explosiblen Zersetzung von gasförmigem Azetylen
1955, 54 Seiten, 10 Abb., 5 Tabellen, DM 11,—

HEFT 111
Fachverband Steinzeugindustrie, Köln
Die Entwicklung eines Gerätes zur Beschickung seitlicher Feuer von Steinzeug-Einzelkammeröfen mit festen Brennstoffen
1955, 46 Seiten, 16 Abb., DM 9,40

HEFT 112
Prof. Dr.-Ing. H. Opitz, Aachen
Verschleißmessungen beim Drehen mit aktivierten Hartmetallwerkzeugen
1954, 44 Seiten, 17 Abb., 6 Tabellen, DM 8,80

HEFT 113
Prof. Dr. O. Graf, Dortmund
Erforschung der geistigen Ermüdung und nervösen Belastung: Studien über die vegetative 24-Stunden-Rhythmik in Ruhe und unter Belastung
1955, 40 Seiten, 12 Abb., DM 8,20

HEFT 114
Prof. Dr. O. Graf, Dortmund
Studien über Fließarbeitsprobleme an einer praxisnahen Experimentieranlage
1954, 34 Seiten, 6 Abb., DM 7,—

HEFT 115
Prof. Dr. O. Graf, Dortmund
Studium über Arbeitspausen in Betrieben bei freier und zeitgebundener Arbeit (Fließarbeit) und ihre Auswirkung auf die Leistungsfähigkeit
1955, 50 Seiten, 13 Abb., 2 Tabellen, DM 9,80

HEFT 116
Prof. Dr.-Ing. E. Siebel und Dr.-Ing. H. Weiss, Stuttgart
Untersuchungen an einigen Problemen des Tiefziehens — I. Teil
1955, 74 Seiten, 50 Abb., 5 Tabellen, DM 14,50

HEFT 117
Dr.-Ing. H. Beißwänger, Stuttgart, und Dr.-Ing. S. Schwandt, Trier
Untersuchungen an einigen Problemen des Tiefziehens — II. Teil
1955, 92 Seiten, 34 Abb., 8 Tabellen, DM 17,70

HEFT 118
Prof. Dr. E. A. Müller und Dr. H. G. Wenzel, Dortmund
Neuartige Klima-Anlage zur Erzeugung ungleicher Luft- und Strahlungstemperaturen in einem Versuchsraum
1955, 68 Seiten, 10 z. T. mehrfarb. Abb., DM 14,—

HEFT 119
Dr.-Ing. O. Viertel, Krefeld
Wäscherei- und energietechnische Untersuchung einer Gemeinschafts-Waschanlage
1955, 50 Seiten, 18 Abb., DM 10,20

HEFT 120
Dipl.-Ing. A. Weisbecker, Lüdenscheid
Über Anfressung an Reinstaluminium-Schweißnähten bei der elektrolytischen Oxydation
Gebr. Hörstermann GmbH., Velbert
Entwicklung und Erprobung eines neuartigen Gummibandförderers
1955, 46 Seiten, 18 Abb., DM 9,70

HEFT 121
Dr. H. Krebs, Bonn
I. Die Struktur und die Eigenschaften der Halbmetalle
II. Die Bestimmung der Atomverteilung in amorphen Substanzen
III. Die chemische Bindung in anorganischen Festkörpern und das Entstehen metallischer Eigenschaften
1955, 124 Seiten, 36 Abb., 13 Tabellen, DM 22,90

HEFT 122
Prof. Dr. W. Fuchs, Aachen
Untersuchungen zur Verbesserung der Wasseraufbereitung und Wasseranalyse:
Über die Schnellbewertung von Ionenaustauscher
1955, 62 Seiten, 32 Abb., DM 12,30

HEFT 123
Dipl.-Ing. J. Emondts, Aachen
Über Bodenverformungen bei stark gestörtem und mächtigem, wasserführendem Deckgebirge im Aachener Steinkohlengebiet
1955, 196 Seiten, 37 Abb., 10 Tabellen, DM 28,80

HEFT 124
Prof. Dr. R. Seyffert, Köln
Wege und Kosten der Distribution der Hausratwaren im Lande Nordrhein-Westfalen
1955, 74 Seiten, 25 Tabellen, DM 9,—

WESTDEUTSCHER VERLAG · KÖLN UND OPLADEN

HEFT 125
Prof. Dr. E. Kappler, Münster
Eine neue Methode zur Bestimmung von Kondensations-Koeffizienten von Wasser
1955, 46 Seiten, 11 Abb., 1 Tabelle, DM 9,10

HEFT 126
Prof. Dr.-Ing. J. Mathieu, Aachen
Arbeitszeitvergleich
Grundlagen, Methodik und praktische Durchführung
1955, 70 Seiten, DM 13,—

HEFT 127
Güteschutz Betonstein e. V., Arbeitskreis Nordrhein-Westfalen, Dortmund
Die Betonwaren-Gütesicherung im Lande Nordrhein-Westfalen
1955, 58 Seiten, 15 Abb., 3 Tabellen, DM 11,50

HEFT 128
Prof. Dr. O. Schmitz-DuMont, Bonn
Untersuchungen über Reaktionen in flüssigem Ammoniak
1955, 96 Seiten, 11 Abb., 6 Tabellen, DM 17,75

HEFT 129
Prof. Dr.-Ing. J. Mathieu und Dr. C. A. Roos, Aachen
Die Anlernung von Industriearbeitern
I. Ergebnisse einer grundsätzlichen Untersuchung der gegenwärtigen Industriearbeiter-Kurzanlernung
1955, 106 Seiten, DM 19,70

HEFT 130
Prof. Dr.-Ing. J. Mathieu und Dr. C. A. Roos, Aachen
Die Anlernung von Industriearbeitern
II. Beiträge zur Methodenfrage der Kurzanlernung
1955, 108 Seiten, DM 19,90

HEFT 131
Dr. W. Hoerburger, Köln
Versuche zur Biosynthese von Eiweiß aus Kohlenwasserstoff
1955, 34 Seiten, 2 Abb., DM 6,90

HEFT 132
Prof. Dr. W. Seith, Münster
Über Diffusionserscheinungen in festen Metallen
1955, 42 Seiten, 19 Abb., 4 Tabellen, DM 9,10

HEFT 133
Prof. Dr. E. Jenckel, Aachen
Über einen für Schwermetalle selektiven Ionenaustauscher
1955, 48 Seiten, 8 Abb., 13 Tabellen, DM 9,50

HEFT 134
Prof. Dr.-Ing. H. Winterhager, Aachen
Über die elektrochemischen Grundlagen der Schmelzfluß-Elektrolyse von Bleisulfid in geschmolzenen Mischungen mit Bleichlorid
1955, 54 Seiten, 20 Abb., 5 Tabellen, DM 11,80

HEFT 135
Prof. Dr.-Ing. K. Krekeler und Dr.-Ing. H. Peukert, Aachen
Die Änderung der mechanischen Eigenschaften thermoplastischer Kunststoffe durch Warmrecken
1955, 54 Seiten, 27 Abb., DM 11,10

HEFT 136
Dipl.-Phys. P. Pilz, Remscheid
Über spezielle Probleme der Zerkleinerungstechnik von Weichstoffen
1955, 58 Seiten, 19 Abb., 2 Tabellen, DM 11,50

HEFT 137
Prof. Dr. W. Baumeister, Münster
Beiträge zur Mineralstoffernährung der Pflanzen
1955, 64 Seiten, 6 Tabellen, DM 11,80

HEFT 138
Dr. P. Hölemann und Ing. R. Hasselmann, Dortmund
Untersuchungen über die Zersetzungswärme von gasförmigem und in Azeton gelöstem Azetylen
1955, 54 Seiten, 8 Abb., 7 Tabellen, DM 10,40

HEFT 139
Prof. Dr. W. Fuchs, Aachen
Studien über die thermische Zersetzung der Kohle und die Kohlendestillatprodukte
1955, 64 Seiten, 20 Abb., 22 Tabellen, DM 11,80

HEFT 140
Dr.-Ing. G. Hausberg, Essen
Modellversuche an Zyklonen
1955, 78 Seiten, 24 Abb., DM 15,70

HEFT 141
Dr. J. van Calker und Dr. R. Wienecke, Münster
Untersuchungen über den Einfluß dritter Analysenpartner auf die spektrochemische Analyse
1955, 42 Seiten, 15 Abb., DM 9,10

HEFT 142
Dipl.-Ing. G. M. F. Wiebel, Hannover, A. Konermann und A. Ottenheym, Sennelager
Entwicklung eines Kalksandleichtsteines
1955, 38 Seiten, 4 Abb., DM 8,—

HEFT 143
Prof. Dr. F. Wever, Dr. A. Rose und Dipl.-Ing. W. Straßburg, Düsseldorf
Härtbarkeit und Umwandlungsverhalten der Stähle
1955, 50 Seiten, 12 Abb., 3 Tabellen, DM 10,70

HEFT 144
Prof. Dr. H. Wurmbach, Bonn
Steuerung von Wachstum und Formbildung
1955, 48 Seiten, 19 Abb., DM 10,30

HEFT 145
Dr. G. Hennemann, Werdohl (Westf.)
Beitrag zur Interpretation der modernen Atomphysik
1955, 34 Seiten, DM 10,—

HEFT 146
Dr.-Ing. F. Gruß, Düsseldorf
Sterilisation mit Heißluft
1955, 34 Seiten, 10 Abb., DM 7,70

HEFT 147
Dr.-Ing. W. Rudisch, Unna
Untersuchung einer drehelastischen Elektromagnet-Synchronkupplung
1955, 82 Seiten, 65 Abb., DM 17,70

HEFT 148
Prof. Dr. H. Bittel u. Dipl.-Phys. L. Storm, Münster
Untersuchungen über Widerstandsrauschen
1955, 40 Seiten, 5 Abb., DM 8,40

HEFT 149
Dipl.-Ing. K. Konopicky und Dipl.-Chem. P. Kampa, Bonn
I. Beitrag zur flammenphotometrischen Bestimmung des Calciums.
Dr.-Ing. K. Konopicky, Bonn
II. Die Wanderung von Schlackenbestandteilen in feuerfesten Baustoffen
1955, 54 Seiten, 10 Abb., 5 Tabellen, DM 11,—

HEFT 150
Prof. Dr.-Ing. O. Kienzle und Dipl.-Ing. W. Timmerbeil, Hannover
Das Durchziehen enger Kragen an ebenen Fein- und Mittelblechen
1955, 52 Seiten, 20 Abb., 8 Tabellen, DM 11,30

HEFT 151
Dipl.-Ing. P. Karabasch, Aachen
Feststellung des optimalen Gasgehaltes von Bronzen zur Erzielung druckdichter Gußstücke
1956, 64 Seiten, 31 Abb., 5 Tabellen, DM 13,90

HEFT 152
Dipl.-Ing. G. Müller, Köln
Ermittlung der Laufeigenschaften (Vergießbarkeit) von Bronze und Rotguß mittels der Schneider-Gießspirale
1955, 60 Seiten, 33 Abb., DM 13,30

HEFT 153
Prof. Dr. F. Wever, Dr.-Ing. W. A. Fischer und Dipl.-Ing. J. Engelbrecht, Düsseldorf
I. Die Reduktion sauerstoffhaltiger Eisenschmelzen im Hochvakuum mit Wasserstoff und Kohlenstoff
II. Einfluß geringer Sauerstoffgehalte auf das Gefüge und Alterungsverhalten von Reineisen
1955, 54 Seiten, 15 Abb., 2 Tabellen, DM 12,40

HEFT 154
Prof. Dr.-Ing. P. Bardenheuer und Dr.-Ing. W. A. Fischer, Düsseldorf
Die Verschlackung von Titan aus Stahlschmelzen im sauren und basischen Hochfrequenzofen unter verschiedenen Schlacken
1955, 36 Seiten, 10 Abb., 1 Tabelle, DM 7,95

HEFT 155
Dipl.-Phys. K. H. Schirmer, München
Die auf Grau abgestimmte Farbwiedergabe im Dreifarbenbuchdruck
1955, 46 Seiten, 17 Abb., 2 Farbtafeln, DM 10,—

HEFT 156
Prof. Dr.-Ing. B. von Borries und Mitarbeiter, Düsseldorf
Die Entwicklung regelbarer permanentmagnetischer Elektronenlinsen hoher Brechkraft und eines mit ihnen ausgerüsteten Elektronenmikroskopes neuer Bauart
1956, 102 Seiten, 52 Abb., DM 22,55

HEFT 157
Dr. W. Jawtusch, Dr. G. Schuster und Prof. Dr.-Ing. R. Jaeckel, Bonn
Untersuchungen über die Stoßvorgänge zwischen neutralen Atomen und Molekülen
1955, 48 Seiten, 15 Abb., 3 Tabellen, DM 10,50

HEFT 158
Dipl.-Ing. W. Rosenkranz, Meinerzhagen
Ein Beitrag zum Problem der Spannungskorrosion bei Preßprofilen und Preßteilen aus Aluminium-Legierungen
1956, 112 Seiten, 61 Abb., 5 Tabellen, DM 27,40

HEFT 159
Dr.-Ing. O. Viertel und O. Oldenroth, Krefeld
Das Bleichen von Weißwäsche mit Wasserstoffsuperoxyd bzw. Natriumhypochlorit beim maschinellen Waschen
1955, 54 Seiten, 23 Abb., 2 Tabellen, DM 11,45

HEFT 160
Prof. Dr. W. Klemm, Münster
Über neue Sauerstoff- und Fluor-haltige Komplexe
1955, 50 Seiten, 13 Abb., 7 Tabellen, DM 10,80

HEFT 161
Prof. Dr. W. Weltzien und Dr. G. Hauschild, Krefeld
Über Silikone und ihre Anwendung in der Textilveredlung
1955, 162 Seiten, 22 Abb., 10 Tabellen, DM 27,—

HEFT 162
Prof. Dr. F. Wever, Prof. Dr. A. Kochendörfer und Dr.-Ing. Chr. Rohrbach, Düsseldorf
Kennzeichnung der Sprödbruchneigung von Stählen durch Messung der Fließspannung, Reißspannung und Brucheinschnürung an dreiachsig beanspruchten Proben
1955, 58 Seiten, 26 Abb., DM 13,—

HEFT 163
Dipl.-Ing. W. Rohs und Text.-Ing. H. Griese, Bielefeld
Untersuchungsarbeiten zur Verbesserung des Leinenwebstuhls III
1955, 80 Seiten, 15 Abb., 18 Tabellen, DM 15,80

HEFT 164
Dr.-Ing. H. Schmachtenberg, Köln
Neuartige Prüfeinrichtungen für Kraftfahrzeuge
1955, 44 Seiten, 23 Abb., DM 9,60

HEFT 165
Dr.-Ing. W. Wilhelm, Aachen
Instationäre Gasströmung im Auspuffsystem eines Zweitaktmotors
1955, 62 Seiten, 31 Abb., 8 Tabellen, DM 13,60

HEFT 166
Prof. Dr. M. v. Stackelberg, Dr. H. Heindze, Dr. H. Hübschke und Dr. K. H. Frangen, Bonn
Kolloidchemische Untersuchungen
1955, 106 Seiten, 8 Abb., 13 Tabellen, DM 21,25

HEFT 167
Prof. Dr.-Ing. F. Schuster, Essen
I. Über die Heißkarburierung von Brenngasen mit Ölen und Teeren
II. Die Strahlungsvorgänge in brennstoffbeheizten Öfen bei verschiedenen Verbrennungsatmosphären
1955, 38 Seiten, 8 Abb., DM 8,30

HEFT 168
Prof. Dr.-Ing. F. Schuster, Essen
I. Luftvorwärmung an Gasfeuerungen
II. Heizwerthöhe von Brenngasen und Wirkungsgrad sowie Gasverbrauch bei der Gasverwendung
III. Sauerstoffangereicherte Luft und feuerungstechnische Kenngrößen von Brenngasen
1955, 60 Seiten, 18 Abb., DM 12,50

HEFT 169
Forschungsinstitut für Pigmente und Lacke, Stuttgart
Arbeiten über die Bestimmung des Gebrauchswertes von Lackfilmen durch physikalische Prüfungen
1955, 70 Seiten, 23 Abb., 4 Tabellen, DM 15,—

HEFT 170
Prof. Dr. F. Wever, Dr. A. Rose und Dipl.-Ing L. Rademacher, Düsseldorf
Anwendung der Umwandlungsschaubilder auf Fragen der Werkstoffauswahl beim Schweißen und Flammhärten
1955, 64 Seiten, 25 Abb., DM 13,70

WESTDEUTSCHER VERLAG · KÖLN UND OPLADEN

HEFT 171
Wäschereiforschung Krefeld
Untersuchung der Wäscheentwässerung mit Hilfe von Zentrifugen und Pressen
1955, 42 Seiten, 16 Abb., 4 Tabellen, DM 9,70

HEFT 172
Dipl.-Ing. W. Rohs, Dr.-Ing. G. Satlow und Text.-Ing. G. Heller, Bielefeld
Trocknung von Hanfgarnen. Kreuzspultrocknung
1955, 60 Seiten, 7 Abb., 4 Tabellen, DM 10,30

HEFT 173
Prof. Dr. R. Hosemann und Dipl.-Phys. G. Schoknecht, Berlin, vorgelegt von Prof. Dr. W. Kast, Krefeld
Lichtoptische Herstellung und Diskussion der Faltungsquadrate parakristalliner Gitter
1956, 108 Seiten, 63 Abb., 6 Tabellen, DM 24,70

HEFT 174
Prof. Dr. W. von Fragstein, Dr. J. Meingast und H. Hoch, Köln
Herstellung von Solen einheitlicher Teilchengröße und Ermittlung ihrer optischen Eigenschaften
1955, 78 Seiten, 80 Abb., 4 Tabellen, DM 18,25

HEFT 175
Dr.-Ing. H. Zeller, Aachen
Beitrag zur eindimensionalen stationären und nichtstationären Gasströmung mit Reibung und Wärmeleitung, insbesondere in Rohren mit unstetigen Querschnittsänderungen.
1956, 138 Seiten, 56 Abb., DM 29,30

HEFT 176
Dipl.-Ing. H. Schöberl, Duisburg
Über die Methoden zur Ermittlung der Verbrennungstemperatur von Brennstoffen und ein Vorschlag zu ihrer Verbesserung
1955, 30 Seiten, 3 Abb., DM 6,50

HEFT 177
Dipl.-Ing. H. Stüdemann, Solingen, und Dr.-Ing. W. Müchler, Essen
Entwicklung eines Verfahrens zur zahlenmäßigen Bestimmung der Schneideigenschaften von Messerklingen
1956, 104 Seiten, 68 Abb., 4 Tabellen, DM 22,20

HEFT 178
Prof. Dr. M. von Stackelberg u. Dr. W. Hans, Bonn
Untersuchungen zur Ausarbeitung und Verbesserung von polarographischen Analysenmethoden
1955, 46 Seiten, 14 Abb., DM 10,50

HEFT 179
Dipl.-Ing. H. F. Reineke, Bochum
Entwicklungsarbeiten auf dem Gebiete der Meß- und Regeltechnik
1955, 46 Seiten, 10 Abb., DM 10,—

HEFT 180
Dr.-Ing. W. Piepenburg, Dipl.-Ing. B. Bühling und Bauing. J. Behnke, Köln
Putzarbeiten im Hochbau und Versuche mit aktiviertem Mörtel und mechanischem Mörtelauftrag
1955, 116 Seiten, 31 Abb., 68 Tabellen, DM 23,—

HEFT 181
Prof. Dr. W. Franz, Münster
Theorie der elektrischen Leitvorgänge in Halbleitern und isolierenden Festkörpern bei hohen elektrischen Feldern
1955, 28 Seiten, 2 Abb., 1 Tabelle, DM 6,20

HEFT 182
Dr.-Ing. P. Schenk u. Dr. K. Osterloh, Düsseldorf
Katalytisch-thermische Spaltung von gasförmigen und flüssigen Kohlenwasserstoffen zur Spitzengaserzeugung
1955, 50 Seiten, 11 Abb., 11 Tabellen, DM 10,90

HEFT 183
Dr. W. Bornheim, Köln
Entwicklungsarbeiten an Flaschen- und Ampullen-Behandlungsmaschinen für die pharmazeutische Industrie
1956, 48 Seiten, 24 Abb., DM 11,70

HEFT 184
Dr.-Ing. E. Printz, Kettwig
Vollhydraulische Parallel-Kupplung für Ackerschlepper
1955, 32 Seiten, 4 Abb., DM 7,80

HEFT 185
Dipl.-Ing. W. Rohs und Text.-Ing. G. Heller, Bielefeld
Studien an einem neuzeitlichen Kreuzspultrockner für Bastfasergarne mit Wiederbefeuchtungszone
1955, 52 Seiten, 9 Abb., 3 Tabellen, DM 10,70

HEFT 186
Dr. E. Wedekind, Krefeld
Untersuchungen zur Arbeitsbestgestaltung bei der Fertigstellung von Oberhemden in gewerblichen Wäschereien
1955, 124 Seiten, 28 Abb., 6 Tabellen, 2 Falttaf., DM 12,—

HEFT 187
Dipl.-Ing. F. Göttgens, Essen
Über die Eigenarten der Bimetall-, Thermo- und Flammenionisationssicherungsmethode in ihrer Anwendung auf Zündsicherungen
1955, 40 Seiten, 6 Abb., 4 Tabellen, DM 8,40

HEFT 188
W. Kinnebrock, Langenberg (Rhld.)
Der Einfluß des Austausches gleicher Gaskochbrenner bzw. Gaskochbrennerteile auf den Wirkungsgrad und insbesondere auf den CO-Gehalt der Verbrennungsgase
1955, 42 Seiten, 7 Tabellen, DM 8,70

HEFT 189
Fa. E. Leybold's Nachfolger, Köln
I. Ausgewählte Kapitel aus der Vakuumtechnik
II. Zum Verlust anorganisch-nichtflüchtiger Substanzen während der Gefriertrocknung
1955, 52 Seiten, 16 Abb., 3 Tabellen, DM 11,20

HEFT 190
Prof. Dr. A. Neuhaus, Prof. Dr. O. Schmitz-DuMont und Dipl.-Chem. H. Reckhard, Bonn
Zur Kenntnis der Alkalititanate
1955, 60 Seiten, 13 Abb., 1 Tabelle, DM 12,20

HEFT 191
Dr. H. Söhngen, Darmstadt
Schwingungsverhalten eines Schaufelkranzes im Vakuum
1955, 36 Seiten, 7 Abb., DM 7,80

HEFT 192
Dipl.-Phys. E. M. Schneider, München
Kohlebogenlampen für Aufnahme und Kopie
1955, 48 Seiten, 21 Abb., 3 Tabellen, DM 10,60

HEFT 193
Prof. Dr. O. Schmitz-DuMont, Bonn
Untersuchungen über neue Pigmentfarbstoffe
1956, 50 Seiten, 16 Abb., 8 Tabellen, DM 11,20

HEFT 194
Dr. K. Hecht, Köln
Entwicklung neuartiger physikalischer Unterrichtsgeräte
1955, 42 Seiten, 16 Abb., DM 9,90

HEFT 195
Dr.-Ing. E. Rößger, Köln
Gedanken über einen neuen deutschen Luftverkehr
1955, 342 Seiten, 29 Abb., 122 Tabellen, DM 50,—

HEFT 196
Dipl.-Ing. W. Rohs und Text.-Ing. H. Griese, Bielefeld
Auswirkungen von Garnfehlern bei der Verarbeitung von Leinengarnen
1955, 36 Seiten, 3 Abb., 6 Tabellen, DM 7,80

HEFT 197
Dr. E. Wedekind, Krefeld
Untersuchungen zur Bestimmung der optimalen Arbeitsplatzgröße bei Mehrstuhlarbeit in der Weberei
1955, 92 Seiten, 34 Abb., 8 Tabellen, DM 18,50

HEFT 198
Prof. Dr. J. Weissinger, Karlsruhe
Zur Aerodynamik des Ringflügels. Die Druckverteilung dünner, fast drehsymmetrischer Flügel in Unterschallströmung
1955, 42 Seiten, 5 Abb., DM 9,—

HEFT 199
Textilforschungsanstalt Krefeld
Die Messung von Gewebetemperaturen mittels Temperaturstrahlung
1955, 50 Seiten, 12 Abb., DM 10,90

HEFT 200
R. Seipenbusch, Langenberg (Rhld.)
Spitzengas durch Zusatz von Flüssiggas-Wassergas- und Flüssiggas-Generatorgas-Gemischen zu Stadtgas
1955, 48 Seiten, 21 Abb., 10 Tabellen, DM 10,35

HEFT 201
Dr.-Ing. E. W. Pleines, Frankfurt/Main
Die Sicherheit im Luftverkehr
1956, 194 Seiten, 39 Abb., 19 Tabellen, DM 39,50

HEFT 202
Dipl.-Ing. D. Fiecke, Stuttgart/Zuffenhausen
Die Bestimmung der Flugzeugpolaren für Entwurfszwecke. I Teil: Unterlagen
1956, 216 Seiten, 171 Diagr., DM 59,70

HEFT 203
Dr. G. Wandel, Bonn
Uferbewachsung und Lebendverbauung an den Nordwestdeutschen Kanälen und ihren Zuflüssen sowie an der Ruhr
1956, 122 Seiten, 88 Abb., DM 25,70

HEFT 204
Dipl.-Ing. B. Naendorf, Langenberg (Rhld.)
Bestimmung der Brenneigenschaften und des Brennverhaltens verschiedener Gasarten und Einfluß verschiedener Düsengestaltung
1955, 32 Seiten, DM 7,10

HEFT 205
Dr. C. Schaarwächter, Düsseldorf
Über plastische Kupfer-Eisen-Phosphor-Legierungen
1936, 36 Seiten, 10 Abb., 10 Tabellen, DM 8,30

HEFT 206
Dr. P. Hölemann, Ing. R. Hasselmann und Ing. G. Dix, Dortmund
Untersuchungen über die Vorgänge bei der Zersetzung von in Azeton gelöstem Azetylen
1956, 74 Seiten, 7 Abb., 7 Tabellen, DM 15,55

HEFT 207
Prof. Dr.-Ing. H. Opitz, Dipl.-Ing. K. H. Fröhlich und Dipl.-Ing. H. Siebel, Aachen
Richtwerte für das Fräsen von unlegierten und legierten Baustählen mit Hartmetall. I. Teil
1956, 48 Seiten, 27 Abb., 3 Tabellen, DM 11,10

HEFT 208
Prof. Dr.-Ing. H. Müller, Essen
Untersuchung von Elektrowärmegeräten für Laienbedienung hinsichtlich Sicherheit und Gebrauchsfähigkeit. I. Untersuchungen an Kochplatten
1956, 100 Seiten, 76 Abb., 7 Tabellen, DM 22,70

HEFT 209
Dr. K. Bunge, Leverkusen
Materialabbau in Funkenentladungen. Untersuchungen an Zinkkathoden
1956, 54 Seiten, 10 Abb., 5 Tabellen, DM 11,40

HEFT 210
Dr. W. Porschen und Prof. Dr. W. Riezler, Bonn
Langlebige Alphaaktivitäten bei natürlichen Elementen
1955, 40 Seiten, 5 Abb., 4 Tabellen, DM 8,80

HEFT 211
Prof. Dipl.-Ing. W. Sturtzel und Dr.-Ing. W. Graff, Duisburg
Die Versuchsanstalt für Binnenschiffbau, Duisburg
1956, 48 Seiten, 22 Abb., 11,—

HEFT 212
Dipl.-Ing. H. Spodig, Selm
Untersuchung zur Anwendung der Dauermagnete in der Technik
1955, 44 Seiten, 25 Abb., DM 9,80

HEFT 213
Dipl.-Ing. K. F. Rittinghaus, Aachen
Zusammenstellung eines Meßwagens für Bau- und Raumakustik
in Vorbereitung

HEFT 214
Dr.-Ing. J. Endres, München
Berechnung der optimalen Leistungen, Kraftstoffverbräuche und Wirkungsgrade von Einkreis-Turbolader-Strahltriebwerken am Boden und in der Höhe bei Fluggeschwindigkeiten von 0—2000 km/h
1956, 72 Seiten, 18 Abb., 8 Tabellen, DM 15,40

HEFT 215
Prof. Dr.-Ing. H. Opitz und Dr.-Ing. G. Weber, Aachen
Einfluß der Wärmebehandlung von Baustählen auf Spanentstehung, Schnittkraft- und Standzeitverhalten
1956, 80 Seiten, 30 Abb., 10 Tabellen, DM 18,40

HEFT 216
Dr. E. Kloth, Köln
Untersuchungen über die Ausbreitung kurzer Schallimpulse bei der Materialprüfung mit Ultraschall
1956, 90 Seiten, 60 Abb., 4 Tabellen, DM 19,40

HEFT 217
Rationalisierungskuratorium der Deutschen Wirtschaft (RKW), Frankfurt/Main
Typenvielzahl bei Haushaltgeräten und Möglichkeiten einer Beschränkung
1956, 328 Seiten, 2 Abb., 181 Tabellen, DM 49,50

HEFT 218
Dr. F. Keune, Aachen
Bericht über eine Theorie der Strömung um Rotationskörper ohne Anstellung bei Machzahl Eins
1955, 40 Seiten, 8 Abb., 5 Formelblätter, DM 8,80

HEFT 219
Prof. Dr. W. Fuchs, Aachen
Untersuchungen zur Holzabfallverwertung und zur Chemie des Lignins
1955, 54 Seiten, 11 Abb., 15 Tabellen DM 11,40

HEFT 220
Prof. Dr. W. Fuchs, Aachen
Die Entwicklung neuer Regel- und Kontroll-Apparate zur coulometrischen Analyse
1956, 76 Seiten, 17 Abb. 23 Tabellen, DM 15,50

HEFT 221
Dr. W. Meyer-Eppler, Bonn
Experimentelle Untersuchungen zum Mechanismus von Stimme und Gehör in der lautsprachlichen Kommunikation *1955, 56 Seiten, 24 Abb., DM 13,45*

HEFT 222
Dr. L. Köllner, Münster, und Dipl.-Volkswirt M. Kaiser, Bochum
Die internationale Wettbewerbsfähigkeit der westdeutschen Wollindustrie *1956, 214 Seiten, DM 39,50*

HEFT 223
Dr.-Ing. K. Alberti und Dr. F. Schwarz, Köln
Über das Problem Hartbrand-Weichbrand
1956, 54 Seiten, 25 Abb., 14 Tabellen, DM 12,10

HEFT 224
Dipl.-Ing. H. Stüdemann und Ing. R. Beu, Solingen
Verfahren zur Prüfung der Korrosionsbeständigkeit von Messerklingen aus rostfreiem Stahl
1956, 82 Seiten, 28 Abb., DM 16,90

HEFT 225
Dr.-Ing. E. Barz, Remscheid
Der Spannungszustand von Gattersägeblättern
1956, 74 Seiten, 54 Abb., DM 16,50

HEFT 226
Technisch-wissenschaftliches Büro für die Bastfaserindustrie, Bielefeld
Untersuchungen zur Verbesserung des Leinenwebstuhles IV
Die Wirkung verschiedener Kettbaumbremsen auf die Verwebung von Leinengarnen
1956, 64 Seiten, 9 Abb., 4 Tabellen, DM 13,50

HEFT 227
Prof. Dr. F. Wever, Düsseldorf und Dr. W. Wepner, Köln
Untersuchung der Alterungsneigung von weichen unlegierten Stählen durch Härteprüfung bei Temperaturen bis 300 Grad C
1956, 34 Seiten, 20 Abb., 3 Tabellen, DM 7,95

HEFT 228
Prof. Dr. F. Wever, Dr. W. Koch, Düsseldorf, und Dr. B. A. Steinkopf, Dortmund
Spektrochemische Grundlagen der Analyse von Gemischen aus Kohlenmonoxyd, Wasserstoff und Stickstoff *1956, 42 Seiten, 18 Abb., 1 Tabelle, DM 9,90*

HEFT 229
Prof. Dr. F. Wever, Dr. W. Koch und Dr.-Ing. H. Malissa, Düsseldorf
Über die Anwendung disubstituierter Dithiocarbamate der analytischen Chemie
1956, 44 Seiten, 30 Abb., 5 Tabellen, DM 10,50

HEFT 230
Prof. Dr. F. Wever, Düsseldorf, und Dr. W. Wepner, Köln
Bestimmung kleiner Kohlenstoffgehalte im Alpha-Eisen durch Dämpfungsmessung
1956, 34 Seiten, 5 Abb., 2 Tabellen, DM 7,70

HEFT 231
Dr.-Ing. W. Küch, Dortmund
Über die Wechselwirkung zwischen Holzschutzbehandlung und Verleimung
1956, 48 Seiten, 10 Abb., 8 Tabellen, DM 10,40

HEFT 232
Prof. Dr.-Ing. O. Kienzle, Hannover, und Dr.-Ing. H. Münnich, Schweinfurt
Feststellung der Spannungen und Dehnungen und Bruchdrehzahlen der unter Fliehkraft und Bearbeitungskraft beanspruchten Schleifkörper
in Vorbereitung

HEFT 233
Dr. H. Haase, Hamburg
Infrarot-Bibliographie *1956, 90 Seiten, DM 17,80*

HEFT 234
Dr.-Ing. K. G. Speith und Dr.-Ing. A. Bungeroth, Duisburg
Versuche zur Steigerung des Kokillen-Schluckvermögens beim Stranggießen von Stahl
1956, 26 Seiten, 5 Abb., DM 6,15

HEFT 235
Prof. Dr.-Ing. K. Leist und Dipl.-Ing. W. Dettmering, Aachen
Turbinenschaufeln aus Kunststoff für Kaltluftversuchsanlagen
1956, 46 Seiten, 43 Abb., 3 Tabellen, DM 12,30

HEFT 236
Dr.-Ing. O. Viertel und S. Lucas, Krefeld
Ergebnisse einer Hausfrauenbefragung über Wascheinrichtungen und Waschmethoden in städtischen Haushaltungen
1956, 34 Seiten, 4 Abb., DM 7,60

HEFT 237
Dr. P. Endler und Dr. H. Ludes, Köln
Bericht über eine Studienreise zur Orientierung der heutigen Behandlung der Lungentuberkulose in den Vereinigten Staaten von Nordamerika
1956, 32 Seiten, DM 7,10

HEFT 238
Institut für textile Meßtechnik, M.-Gladbach, e. V.
Untersuchungen der Verzugsvorgänge an den Streckwerken verschiedener Spinnereimaschinen. 3. Bericht: Theoretische Betrachtungen über den Einfluß schlagender Zylinder und Druckrollen
1956, 66 Seiten, 21 Abb., DM 14,10

HEFT 239
Prof. Dr.-Ing. K. Leist, Dipl.-Ing. H. Scheele, Aachen, und Dipl.-Ing. F. H. Flottmann, Herne
Versuche an einem neuartigen luftgekühlten Hochleistungs-Kolbenkompressor
1956, 72 Seiten, 19 Abb., 7 Tabellen, DM 14,40

HEFT 240
Prof. Dr.-Ing. K. Leist und Dipl.-Ing. H. Scheele, Aachen
Temperaturmessungen an einem einstufigen luftgekühlten 4-Zylinder-Kolbenkompressor mit Kühlgebläse *1956, 74 Seiten, 36 Abb., DM 14,80*

HEFT 241
Prof. Dr.-Ing. K. Leist und Dipl.-Ing. M. Pötke, Aachen
Leistungsversuche an einem Kühlluftgebläse
1956, 60 Seiten, 13 Abb., DM 11,70

HEFT 242
Prof. Dr.-Ing. K. Leist und Dipl.-Ing. K. Graf, Aachen
Straßenfahrzeuge mit Gasturbinenantrieb
1956, 82 Seiten, 63 Abb., DM 17,20

HEFT 243
Prof. Dr.-Ing. K. Leist und Dipl.-Ing. S. Förster, Aachen
Die französische Kleingasturbine Artouste — 1. Teil
1956, 80 Seiten, 41 Abb., DM 15,85

HEFT 244
Prof. Dr. F. Wever, Dr. W. Koch und Dr. S. Eckhard, Düsseldorf
Erfahrungen mit der spektrochemischen Analyse von Gefügebestandteilen des Stahles
1956, 32 Seiten, 8 Abb., 2 Tabellen, DM 7,80

HEFT 245
Prof. Dr.-Ing. habil. K. Krekeler, Aachen
Das Verbinden von Metallen durch Kunstharzkleber.
Teil I: Eigenschaften und Verwendung der Metallklebstoffe *1956, 48 Seiten, 8 Abb., DM 10,25*

HEFT 246
Prof. Dr. Ing. habil. K. Krekeler, Aachen
Das Verbinden von Metallen durch Kunstharzkleber.
Teil II: Untersuchungen an geklebten Leichtmetall-Verbindungen *1956, 80 Seiten, 40 Abb., DM 17,50*

HEFT 247
Dr. H. Söhngen, Darmstadt
Strömung vor einem Überschall-Laufrad
1956, 26 Seiten, 4 Abb., DM 7,60

HEFT 248
Rheinische Aktiengesellschaft für Braunkohlenbergbau und Brikettfabrikation, Köln
Untersuchung der Bindemitteleigenschaften von Braunkohlenfilteraschen
1956, 176 Seiten, 26 Abb., 30 Tabellen, DM 35,60

HEFT 249
Dr. M.-E. Meffert, Essen
Weitere Kulturversuche Scenedesmus obliquus
1956, 36 Seiten, 5 Abb., 10 Tabellen, DM 8,—

HEFT 250
Dr. F. Schwarz und Dr.-Ing. K. Alberti, Köln
Entwicklung von Untersuchungsverfahren zur Gütebeurteilung von Industriekalken
1956, 36 Seiten, 9 Abb., DM 16,50

HEFT 251
Prof. Dr. H. Bittel, Münster
Zur Statistik der ferromagnetischen Elementarvorgänge und ihren Einfluß auf das Barkhausenrauschen
1956, 52 Seiten, 14 Abb., DM 11,65

HEFT 252
Dipl.-Ing. H. Frings, Geilenkirchen
Die Wirkung abfallender Wetterführung auf Wettertemperatur, Grubengasgehalt und Staubbildung
1957, 126 Seiten, 23 Abb., 13 Falttafeln, 38 Tab., DM 35,70

HEFT 253
Dipl.-Ing. S. Schirmanski, Berghausen
Stand und Auswertung der Forschungsarbeiten über Temperatur- und Feuchtigkeitsgrenzen bei der bergmännischen Arbeit
1957, 80 Seiten, 24 Abb., 12 Tab., DM 17,10

HEFT 254
Prof. Dr. R. Danneel, Bonn
Quantitative Untersuchungen über die Entwicklung des Ehrlich-Ascitestumors bei Inzuchtmäusen
1956, 52 Seiten, 17 Tabellen, DM 11,75

HEFT 255
Ing. B. v. Schlippe, Bad Nauheim
Strömung von Flüssigkeiten mit temperaturabhängiger Zähigkeit (Kühlung von Öfen)
1956, 54 Seiten, 12 Abb., 4 Tabellen, DM 11,70

HEFT 256
Prof. Dr. C. Schmieden und Dipl.-Math. K. H. Müller, Darmstadt
Die Strömung einer Quellstrecke im Halbraum — eine strenge Lösung der Navier-Stokes-Gleichungen
1956, 40 Seiten, 9 Abb., DM 8,80

HEFT 257
Prof. Dr. G. Lehmann und Dr. J. Tamm, Dortmund
Die Beeinflussung vegetativer Funktionen des Menschen durch Geräusche
1956, 48 Seiten, 25 Abb., 3 Tabellen, DM 11,20

HEFT 258
Dr. H. Paul, Linz (Rhein), und Prof. Dr. O. Graf, Dortmund
Zur Frage der Unfälle im Bergbau
1956, 52 Seiten, 9 Abb., 22 Tabellen, DM 11,20

HEFT 259
Prof. D. W. Linke, Aachen
Strömungsvorgänge in künstlich belüfteten Räumen
1956, 52 Seiten, 37 Abb., 1 Tabelle, DM 11,80

HEFT 260
Prof. Dr. W. Kast, Freiburg (Br.), Prof. Dr. A. H. Stuart und Dipl.-Phys. H. G. Fendler, Hannover
Lichtzerstreuungsmessungen an Lösungen hochpolymerer Stoffe
1956, 70 Seiten, 25 Abb., 5 Tabellen, DM 15,60

HEFT 261
Prof. Dr. W. Kast, Freiburg (Br.)
Feinstruktur-Untersuchungen an künstlichen Zellulosefasern verschiedener Herstellungsverfahren.
Teil II: Der Kristallisationszustand
1956, 80 Seiten, 27 Abb., 11 Tabellen, DM 17,20

HEFT 262
Dr.-Ing. W. Batel, Aachen
Untersuchungen zur Absiebung feuchter, feinkörniger Haufwerke und Schwingsieben
1956, 100 Seiten, 45 Abb., 5 Tabellen, DM 23,40

HEFT 263
Prof. Dr. H. Lange und Dipl.-Phys. R. Kohlhaas, Köln
Über die Wärmeleitfähigkeit von Stählen bei hohen Temperaturen: Teil I: Literaturbericht
1956, 48 Seiten, 26 Abb., 8 Tabellen, DM 10,70

HEFT 264
Prof. Dr. W. Weizel, Bonn
Durch schnelle Funkenzusammenbrüche ausgelöste Signale auf einer Leitung
1956, 26 Seiten, 4 Abb., 3 Tabellen, DM 6,10

HEFT 265
Prof. Dr. F. Micheel und Dr. R. Engel, Münster
Eine Apparatur zur elektrophoretischen Trennung von Stoffgemischen
1956, 38 Seiten, 21 Abb., DM 9,20

HEFT 266
Fliesen-Beratungsstelle Bad Godesberg-Mehlem
Güteeigenschaften keramischer Wand- und Bodenfliesen und deren Prüfmethoden
1956, 32 Seiten, DM 7,10

HEFT 267
Prof. Dr. W. Weizel und B. Brandt, Bonn
Zur Stabilität stromstarker Glimmentladungen
1956, 36 Seiten, 7 Abb., DM 8,40

WESTDEUTSCHER VERLAG · KÖLN UND OPLADEN

HEFT 268
Prof. Dr.-Ing. G. Vogelpohl, Göttingen
Über die Tragfähigkeit von Gleitlagern und ihre Berechnung
1956, 76 Seiten, 24 Abb., 7 Tabellen, DM 16,85

HEFT 269
Markscheider R. Bals, Bochum
Eignung des Gebirgsankerausbaus zur Erleichterung des Streckenvortriebs im Steinkohlenbergbau
1956, 84 Seiten, 41 Abb., DM 18,75

HEFT 270
Dr. H. Krebs und Mitarbeiter, Bonn
Die Trennung von Racematen auf chromatographischem Wege
1956, 62 Seiten, 18 Tabellen, DM 12,95

HEFT 271
Prof. Dr.-Ing. H. Opitz und Dipl.-Ing. H. Axer, Aachen
Beeinflussung des Verschleißverhaltens bei spanenden Werkzeugen durch flüssige und gasförmige Kühlmittel und elektrische Maßnahmen
1956, 46 Seiten, 28 Abb., DM 10,70

HEFT 272
Prof. Dr. W. Fuchs und Dr. H. Dresia, Aachen
Untersuchungen über die Schnellverbrennung und Schnellvergasung fester Brennstoffe
1956, 56 Seiten, 14 Abb., 3 Tabellen, DM 11,90

HEFT 273
Fa. K. W. Tacke G.m.b.H., Wuppertal-Barmen
Erfahrungen beim Verspinnen von Perlonfasern und bei der Herstellung von Trikotagen aus gesponnenem Perlon
1956, 36 Seiten, DM 7,90

HEFT 274
Prof. Dr.-Ing. K. Krekeler, Aachen
Qualitative Untersuchungen bei Verbindungsschweißungen mittels Lichtbogenschweißautomaten unter Verwendung von Blankdraht und Zugabe von ferromagnetischem Pulver als Umhüllung
1956, 68 Seiten, 40 Abb., 8 Tabellen, DM 15,45

HEFT 275
Prof. Dr.-Ing. habil. K. Krekeler, Aachen, und Dipl.-Ing. H. Verhoeven, Aachen
Quantitative Untersuchungen von Punktschweißverbindungen an Tiefzieh- und Aluminiumblechen, die nach dem Argonarc-Punktschweißverfahren hergestellt werden
1956, 64 Seiten, 45 Abb., DM 14,60

HEFT 276
Fa. E. Haage, Mülheim (Ruhr)
Entwicklungsarbeiten im Apparatebau für Laboratorien
1956, 48 Seiten, 18 Abb., DM 10,50

HEFT 277
Dr.-Ing. W. Müchler, Essen
Untersuchung und zahlenmäßige Bestimmung der Schneideigenschaften von Messern mit besonderer Berücksichtigung rostfreier Messerstähle
1956, 60 Seiten, 27 Abb., 5 Tabellen, DM 13,20

HEFT 278
Dipl.-Ing. J. Stelter und Dipl.-Ing. H. Kickert, Aachen
I. Sichtbarmachung von Ultraschallfeldern unter Verwendung photographischer Emulsionsschichten
II. Methode zur Bestimmung der wirklichen Temperaturverhältnisse in Flüssigkeiten während der Beschallung (Nach einer Diplom-Arbeit von H. Schnitzler)
1956, 54 Seiten, 24 Abb., DM 12,75

HEFT 279
Dr. F. Keune, Aachen
Der gewölbte und verwundene Tragflügel ohne Dicke in Schallnähe
1956, 42 Seiten, 15 Abb., DM 9,25

HEFT 280
Dipl.-Ing. J. Stelter und Dipl.-Ing. E. Pfende, Aachen
Über Störerscheinungen bei Schallgeschwindigkeitsmessungen mittels der Interferometermethode
1956, 42 Seiten, 13 Abb., DM 9,60

HEFT 281
Prof. Dr.-Ing. K. Lürenbaum, Aachen
Der Meßwagen des Instituts für Maschinen-Dynamik der Deutschen Versuchsanstalt für Luftfahrt, Aachen
1956, 32 Seiten, 17 Abb., DM 8,60

HEFT 282
Bergrat a. D. Scherer, Bochum
Das B. T.-Schwelverfahren und seine Anwendung auf der Anlage Marienau
1956, 44 Seiten, 7 Abb., DM 9,60

HEFT 283
Prof. Dr. F. Wever und Dr.-Ing. W. Lueg, Düsseldorf
Warmstauchversuche zur Ermittlung der Formänderungsfestigkeit von Gesenkschmiede-Stählen
1956, 44 Seiten, 19 Abb., DM 9,90

Heft 284
Prof. Dr. F. Wever, Düsseldorf, Dr.-Ing. H. J. Wiester, Essen, Dr.-Ing. F. W. Straßburg, Duisburg, Prof. Dr.-Ing. H. Opitz, Aachen, und Dr.-Ing. K. H. Fröhlich, Köln
Einfluß des Gefüges auf die Zerspanbarkeit von Einsatz- und Vergütungsstählen
1957, 88 Seiten, 126 Abb., 11 Tab., DM 22,45

HEFT 285
Prof. Dr.-Ing. O. Kienzle, Dr.-Ing. K. Lange, Hannover, und Dipl.-Ing. H. Meinert, Osterode
Einfluß der Oberfläche auf das Verschleißverhalten von Schmiedegesenken
1956, 62 Seiten, 29 Abb., 8 Tabellen, DM 14,60

HEFT 286
Dr.-Ing. K. Lange, Hannover, Dipl.-Ing. H. Meinert, Osterode, unter Mitarbeit von Dr.-Ing. H. Arend, Mülheim (Ruhr)
Verschleißverhalten hartverchromter Schmiedegesenke
1956, 74 Seiten, 53 Abb., 6 Tabellen, DM 17,65

HEFT 287
Prof. Dr.-Ing. habil. K. Krekeler, Aachen
Änderungen der mechanischen Eigenschaftswerte thermoplastischer Kunststoffe bei Beanspruchung in verschiedenen Medien
1956, 62 Seiten, 23 Abb., 5 Tabellen, DM 13,70

HEFT 288
Dr. K. Brücker-Steinkuhl, Düsseldorf
Anwendung mathematisch-statischer Verfahren in der Industrie
1956, 103 Seiten, 27 Abb., 14 Tabellen, DM 24,20

HEFT 289
Prof. Dr.-Ing. H. Winterhager, Aachen
Kombinierter Widerstands- und Lichtbogen-Vakuumofen zur Verarbeitung von Titanschwamm
Prof. Dr. Dr. h. c. R. Schwarz, Aachen
Erforschung neuer Wege zur Darstellung von Titanmetall
1957, 42 Seiten, 18 Abb., DM 9,70

HEFT 290
Dr. D. Horstmann, Düsseldorf
I. Der verstärkte Angriff des Zinks auf Eisen im Temperaturgebiet um 500° C
II. Einfluß eines Antimongehaltes auf den Angriff von Zinkschmelzen auf Eisen
1956, 48 Seiten, 33 Abb., 3 Tabellen, DM 11,90

HEFT 291
Dr.-Ing. H. J. Wiester und Dr. D. Horstmann, Düsseldorf
Der Angriffeisengesättigter Zinkschmelzen auf silizium- und manganhaltiges Eisen
1956, 52 Seiten, 45 Abb., 8 Tabellen, DM 12,60

HEFT 292
Dipl.-Ing. W. Rohs und Text.-Ing. H. Griese, Bielefeld
Webversuche an Leinenwebstühlen mit verbesserter Schaftbewegung
1956, 34 Seiten, 3 Abb., 2 Tabellen, DM 7,60

HEFT 293
Prof. J. W. Korte, unter Mitarbeit von Dipl.-Ing. P. A. Mäcke und Dipl.-Ing. W. Leutzbach, Aachen
Die Leistungsfähigkeit von Verkehrsanlagen des motorisierten städtischen Straßenverkehrs
1956, 98 Seiten, 35 Abb., 5 Tabellen, 1 Falttafel, DM 22,50

HEFT 294
Dipl.-Ing. B. Naendorf, Essen
Untersuchungen industrieller Gasbrenner
1956, 58 Seiten, 6 Abb., 3 Tabellen, DM 12,40

HEFT 295
Prof. Dr.-Ing. H. Opitz und Dipl.-Ing. H. Axer, Aachen
Untersuchung und Weiterentwicklung neuartiger elektrischer Bearbeitungsverfahren
1956, 42 Seiten, 27 Abb., DM 10,30

HEFT 296
Prof. Dr.-Ing. H. Opitz, Aachen
I. Untersuchungen an elektronischen Regelantrieben
II. Statische Untersuchungen zur Ausnutzung von Drehbänken
1956, 46 Seiten, 18 Abb., DM 10,40

HEFT 297
Dr. K. Schaarwächter, Düsseldorf
Die Reduktion von Siliziumtetrachlorid im Lichtbogen zur nachfolgenden Silizierung von Eisenblechen
in Vorbereitung

HEFT 298
Prof. Dr.-Ing. E. Oehler, Aachen
Untersuchung von kritischen Drehzahlen, die durch Kreiselmomente verursacht werden
1956, 50 Seiten, 35 Abb., DM 13,15

HEFT 299
Dr. J. Fassbender und W. Hoppe, Bonn
Eine photoelektrische Nachlaufeinrichtung für Analogie-Rechenmaschinen
1956, 20 Seiten, 8 Abb., DM 7,65

HEFT 300
Prof. Dr. E. Schütz und Privatdozent Dr. H. Caspers, Münster
Tierexperimentelle Untersuchungen über die Alkoholwirkungen auf Erregbarkeit und bioelektrische Spontanaktivität der Hirnrinde
1956, 44 Seiten, 6 Abb., 1 Tabelle, DM 9,55

HEFT 301
Prof. Dr. W. Weltzien, Dr. G. Cossmann und P. Diehl, Krefeld
Über die fraktionierte Füllung von Polyamiden (II)
1956, 54 Seiten, 1 Abb., 16 Tabellen, DM 11,30

HEFT 302
Prof. Dr.-Ing. W. Wegener und Dipl.-Ing. W. Zahn, Aachen
Untersuchungen von gesponnenen Garnen auf ihre Gleichmäßigkeit nach verschiedenen Meßmethoden
1957, 58 Seiten, 34 Abb., DM 15,20

HEFT 303
Prof. Dr. Ing. S. Kiesskalt, Aachen
Das Institut der Forschungsgesellschaft Verfahrenstechnik e. V. an der Technischen Hochschule Aachen
1956, 76 Seiten, 20 Abb., 3 Tabellen, DM 16,40

HEFT 304
Prof. Dr.-Ing. K. Krekeler, Düsseldorf, und Dipl.-Ing. A. Kleine-Albers, Aachen
Beitrag zur thermoelastischen Warmformbarkeit von Hart-PVC
1957, 72 Seiten, 29 Abb., DM 17,70

HEFT 305
Prof. Dr.-Ing. K. Krekeler, Düsseldorf, Dr.-Ing. H. Peukert, Aachen, und Dipl.-Ing. W. Schmitz, Siegburg
Heißgas-Schweißen von Hart-Polyvinylchlorid mit Zusatzwerkstoff
1956, 44 Seiten, 27 Abb., 5 Tabellen, DM 12,50

HEFT 306
Prof. Dr. B. Rensch, Münster
Elektrophysiologische Untersuchungen zur Analysierung der Bildung von Assoziationen und Gedächtnisspuren in Gehirn und Rückenmark
Prof. Dr. A. Loeser, Münster
Akute und chronische Giftwirkungen sauerstoffhaltiger Lösungsmittel
1956, 36 Seiten, 9 Abb., DM 8,90

HEFT 307
Privatdozent Dr. J. Juilfs, Krefeld
Vergleichende Untersuchungen zur elastischen und bleibenden Dehnung von Fasern
1956, 36 Seiten, 11 Abb., DM 8,30

HEFT 308
Privatdozent Dr. J. Juilfs, Krefeld
Zur Messung der Fadenglätte
1956, 22 Seiten, 10 Abb., 2 Tabellen, DM 8,—

HEFT 309
Prof. Dr. K. Cruse und Mitarbeiter, Clausthal-Zellerfeld
Aufbau und Arbeitsweise eines universell verwendbaren Hochfrequenz-Titrationsgerätes
1957, 48 Seiten, 29 Abb., DM 11,90

HEFT 310
Dr. P. F. Müller, Bonn
Die Integrieranlage des Rheinisch-Westfälischen Instituts für Instrumentelle Mathematik in Bonn
1956, 62 Seiten, 6 Abb., 30 Satzskizzen, DM 14,45

HEFT 311
Prof. Dr. F. Wever und Dr. M. Hempel, Düsseldorf
Dauerschwingfestigkeit von Stählen bei erhöhten Temperaturen
Teil I: Erkenntnisse aus bisherigen Dauerschwingversuchen in der Wärme
1956, 48 Seiten, 19 Abb., 2 Tabellen, DM 10,90

HEFT 312
Prof. Dr. F. Wever und Dr. M. Hempel, Düsseldorf
Dauerschwingfestigkeit von Stählen bei erhöhten Temperaturen
Teil II: Zug-Druck-Dauerschwingversuche an zwei warmfesten Stählen bei Temperaturen von 500 bis 650°
1956, 48 Seiten, 20 Abb., 3 Tabellen, DM 11,80

WESTDEUTSCHER VERLAG · KÖLN UND OPLADEN

HEFT 313
*Prof. Dr. F. Wever, Dr. W. Koch und
Dipl.-Phys. H. Rohde, Düsseldorf*
Änderungen des Habitus und der Gitterkonstanten des
Zementits in Chromstählen bei verschiedenen Wärmebehandlungen
1956, 88 Seiten, 29 Abb., 8 Tabellen, DM 20,90

HEFT 314
*Prof. Dr. F. Wever, Dr.-Ing. A. Krisch, Düsseldorf,
und Dr.-Ing. H.-J. Wiester, Essen*
Veränderungen im Gefügeaufbau von Chrom-Nickel-
Molybdän-Stählen bei langzeitiger Beanspruchung im
Zeitstandversuch bei 500°
1956, 48 Seiten, 26 Abb., 5 Tabellen, DM 11,70

HEFT 315
Prof. Dr. F. Wever und Dr.-Ing. A. Krisch, Düsseldorf
Metallkundliche Untersuchungen an Zeitstandproben
1956, 38 Seiten, 12 Abb., DM 9,15

HEFT 316
Dr. F. Keune, Aachen
Zusammenfassende Darstellung und Erweiterung des
Aequivalenzsatzes für schallnahe Strömung
1956, 80 Seiten, 22 Abb., DM 17,90

HEFT 317
Dr.-Ing. J. Stelter, Aachen
Mikrobiologische Ultraschallwirkungen
1957, 106 Seiten, 41 Abb., 12 Tab., DM 23,90

HEFT 318
Dipl.-Ing. H. Kickert, Aachen
Über die Ausbreitung von Ultraschall in Luft
in Vorbereitung

HEFT 319
Prof. Dr. C. Kröger, Aachen
Gemengereaktionen und Glasschmelze
1957, 118 Seiten, 53 Abb., 16 Tab., DM 26,—

HEFT 320
Dr. H.-E. Caspary, Köln
Verwendung von Szintillationszählern an Stelle von
Zählrohren zur zerstörungsfreien Materialprüfung
1956, 42 Seiten, 13 Abb., 2 Tabellen, DM 10,10

HEFT 321
*Prof. Dr. F. Wever, Düsseldorf, und
Dr. W. Wepner, Köln*
Gleichzeitige Bestimmung kleiner Kohlenstoff- und
Stickstoffgehalte im a-Eisen durch Dämpfungsmessung
1956, 30 Seiten, 3 Abb., 4 Tabellen, DM 6,80

HEFT 322
*Prof. Dr.-Ing. F. Bollenrath und
Dipl.-Ing. W. Domke, Aachen*
Eigenspannungen in vergüteten, dickwandigen Stahlzylindern
nach Oberflächenhärtung mit induktiver Erwärmung
1956, 30 Seiten, 9 Abb., 2 Tabellen, DM 6,90

HEFT 323
Prof. Dr. R. Seyffert, Köln
Wege und Kosten der Distribution der Textilien, Schuh-
und Lederwaren
1956, 98 Seiten, 37 Tabellen, 1 Falttaf., DM 12,—

HEFT 324
*Prof. Dr.-Ing. H. Opitz, Dr.-Ing. E. Saljé und
Dipl.-Ing. K. E. Schwartz, Aachen*
Richtwerte für das Außenrund-Längs- und Einstechschleifen
1956, 62 Seiten, 11 Abb., 2 Tabellen, DM 13,85

HEFT 325
Prof. Dr. E. Schratz, Münster
Pharmakognostische Untersuchungen am Medizinal-Rhabarber
in Vorbereitung

HEFT 326
Prof. Dr.-Ing. E. Essers und Mitarbeiter, Aachen
Deichselkräfte an Lastzügen
in Vorbereitung

HEFT 327
*Prof. Dr.-Ing. habil. K. Krekeler und
Dr.-Ing. H. Peukert, Aachen*
Beitrag zur thermoelastischen Formbarkeit von Polyäthylen
1956, 56 Seiten, 49 Abb., 9 Tabellen, DM 12,80

HEFT 328
Dr. H. Maeder, Belo Horizonte
Schweißen von Temperguß
in Vorbereitung

HEFT 329
*Dipl.-Ing. A. Krüger, Karlsruhe, und Feuerwehr-Ing.
R. Radusch, Dortmund*
Wasserzerstäubung im Strahlrohr
1956, 86 Seiten, 21 Abb., 3 Tabellen, DM 18,65

HEFT 330
Dipl.-Physiker E. Pepping, Aachen
Die Durchflußzahl des Rechteckschlitzes in einer sehr
großen Wand
1957, 54 Seiten, 21 Abb., DM 12,35

HEFT 331
Dipl.-Ing. G. Bretschneider, Ruit
Die Messung der wiederkehrenden Spannung mit Hilfe
des Netzmodelles
1957, 46 Seiten, 21 Abb., 2 Tab., DM 11,20

HEFT 332
Prof. Dr.-Ing. R. Jaeckel und Dr. G. Reich, Bonn
Messung von Dampfdrucken im Gebiet unter 10^{-2} Torr
1956, 42 Seiten, 16 Abb., 2 Tabellen, DM 10,40

HEFT 333
*Prof. Dr.-Ing. W. Sturtzel und
Dr.-Ing. W. Graff, Duisburg*
I. Der Flachwassereinfluß auf den Form- und Reibungswiderstand von Binnenschiffen
II. Der Flachwassereinfluß auf die Nachstrom- und
Sogverhältnisse bei Binnenschiffen
1956, 44 Seiten, 14 Abb., DM 9,80

HEFT 334
Prof. Dr. W. Weizel und Dr. G. Meister, Bonn
Spektralanalyse durch Messung des Interferenz-Kontrastes
1956, 42 Seiten, DM 9,80

HEFT 335
Prof. Dr. W. Weizel und H. Hornberg, Bonn
Untersuchungen der anodischen Teile einer Glimmentladung
1957, 62 Seiten, 14 Farbabb., 21 Abb., 1 Tab., DM 32,80

HEFT 336
Dr. Tung-ping Yao, Aachen
Die Viskosität metallischer Schmelzen
1957, 64 Seiten, 28 Abb., 2 Tab., DM 14,40

HEFT 337
Dr. R. Hoeppener und Dr. W. Bierther, Bonn
Tektonik und Lagestätten im Rheinischen Schiefergebirge
in Vorbereitung

HEFT 338
*Prof. Dr.-Ing. W. Wegener, Aachen, und
Dipl.-Ing. J. Schneider, M.-Gladbach*
Die Bedeutung der Knotenart für die Herabminderung
der Fadenbrüche
1957, 40 Seiten, 6 Abb., DM 9,80

HEFT 339
*Prof. Dr.-Ing. W. Wegener und
Dipl.-Ing. W. Zahn, Aachen*
Vergleich des normalen mit verschiedenen abgekürzten
Baumwollspinnverfahren in bezug auf Gleichmäßigkeit
und Sortierungsstreuung der Garne
1956, 56 Seiten, 17 Abb., 17 Tabellen, DM 12,70

HEFT 340
Dipl.-Ing. W. Rohs und Dipl.-Ing. R. Otto, Bielefeld
Das Naßspinnen von Bastfasergarnen mit Spinnbadzusätzen
unter Ausnutzung einer zentralen Spinnwasserversorgungsanlage
1956, 56 Seiten, 2 Abb., 6 Tabellen, DM 11,60

HEFT 341
*Prof. Dr.-Ing. H. Winterhager und Dipl.-Ing. L. Werner,
Aachen*
Präzisions-Meßverfahren zur Bestimmung des elektrischen Leitvermögens geschmolzener Salze
1956, 44 Seiten, 19 Abb., 1 Tabelle, DM 10,60

HEFT 342
*Prof. Dr.-Ing. H. Winterhager und Dipl.-Ing. W. Barthel,
Aachen*
Die Gewinnung von Titanschlackenkonzentraten aus
eisenreichen Ilmeniten
1957, 60 Seiten, 30 Abb., 6 Tab., DM 13,30

HEFT 343
*Prof. Dr.-Ing. W. Petersen, Aachen, und Dipl.-Ing.
S. Wawroschek, Aachen*
Die zweckmäßigsten Gütebestimmungsverfahren und
Brikettierungsbedingungen bei der Erzeugung von
Braunkohlen-Eisenerz-Briketts
1956, 64 Seiten, 28 Abb., DM 13,95

HEFT 344
Prof. Dr.-Ing. W. Fucks, Aachen
Zur Deutung einfachster mathematischer Sprachcharakteristiken
1956, 38 Seiten, 12 Abb., DM 7,80

HEFT 345
Dipl.-Ing. G. Cerbe und Dipl.-Ing. H. Monstadt, Essen
Konvektive Trocknung mit gasbeheizter Luft und
Trocknung durch Gasstrahler
1957, 46 Seiten, 16 Abb., DM 10,40

HEFT 346
Dipl.-Ing. O. Arnold, Aachen
Erfahrungen mit Kernbohrungen zur Lagerstättenuntersuchung im Erzbergbau
1957, 36 Seiten, 2 Abb., 3 Falttaf. 6 Tab., DM 8,80

HEFT 347
S. Ruff, F. Kipp, H. Hansteen und G. Müller, Bonn
Untersuchungen zur Frage der Gehörschädigungen des
fliegenden Personals der Propellerflugzeuge
1957, 50 Seiten, 27 Abb., 3 Tab., DM 11,10

HEFT 348
*Prof. Dr.-Ing. E. Piwowarsky
und Dr.-Ing. E. G. Nickel, Aachen*
Metallurgie eines hochwertigen Gußeisens mit kompakter bis kugelförmiger Graphitausbildung
1957, 54 Seiten, 27 Abb., 5 Tab., DM 13,30

HEFT 349
*Dr.-Ing. W. A. Fischer, Dr.-Ing. H. Treppschuh
und Dr.-Ing. K. H. Köthemann, Düsseldorf*
Tiegel aus Schmelzmagnesia für Vakuuminduktionsöfen
1957, 34 Seiten, 14 Abb. DM 8,40

HEFT 350
*Prof. Dr.-Ing. habil. K. Krekeler
und Dr.-Ing. H. Peukert, Aachen*
Das Spannungsverhalten der Kunststoffe bei der Verarbeitung
in Vorbereitung

HEFT 351
*Prof. Dr.-Ing. H. Opitz, Dipl.-Ing. H. Axer und
Dipl.-Ing. H. Rhode, Aachen*
Zerspanbarkeit hochwarmfester und nichtrostender
Stähle. Teil I
1957, 96 Seiten, 73 Abb., 2 Tab., DM 21,80

HEFT 352
Dipl.-Ing. H. Fauser, Aachen
Fahrdynamik und Batterie-Arbeitsverbrauch von
Akkumulatorenlokomotiven im Untertagebetrieb
in Vorbereitung

HEFT 353
Forschungsinstitut für Rationalisierung, Aachen
Schlagwortregister zur Rationalisierung
1957, 376 S., DM 56,—

HEFT 354
Dipl.-Ing. D. Wagener, Aachen
Auswirkungen neuer Gaserzeugungs-Verfahren unter
Berücksichtigung der Auswirkung auf den Kokereibetrieb
in Vorbereitung

HEFT 355
*Prof. Dr.-Ing. habil. K. Krekeler, Dr.-Ing. H. Peukert und
Dipl.-Ing. A. Kleine-Albers, Aachen*
Heißgas-Schweißungen von Weich-Polyvinylchlorid
mit Zusatzwerkstoff
in Vorbereitung

HEFT 356
Dipl.-Phys. G. Gurke, Aachen
Aufbau einer Meßanlage für Untersuchungen elektrischer Gasentladung im Bereiche großer p. d.-Werte
1956, 38 Seiten, 13 Abb., DM 8,65

HEFT 357
Prof. Dr.-Ing. W. Fucks, Aachen
Mathematische Analyse der Formalstruktur von Musik
in Vorbereitung

HEFT 358
*Prof. Dr. rer. nat. W. Weltzien, Dipl.-Chem. P. Ringel
und Text. Ing. H. Kirchhoff, Krefeld*
Die Waschechtheit von Färbungen. Vergleichende Untersuchungen auf dem Gebiete der Echtheitsprüfung
in Vorbereitung

HEFT 359
Dr.-Ing. F. J. Meister, Düsseldorf
Veränderung der Hörschärfe, Lautheitsempfindung
und Sprachaufnahme während des Arbeitsprozesses bei
Lärmarbeitern
*1957, 84 Seiten, 11 Abb., 1 Tab., 40 Audiogramme,
40 Tab., DM 19,90*

HEFT 360
Dr.-Ing. E. Barz, Remscheid
Fertigungsverfahren und Spannungsverlauf bei Kreissägeblättern für Holz
1957, 72 Seiten, 40 Abb., DM 17,—

HEFT 361
Dipl.-Ing. H. F. Klein, Aachen
Die nichtstationären Strömungsvorgänge und der
Wärmeübergang in einem Schwingfeuergerät
in Vorbereitung

HEFT 362
*Prof. Dr. med. G. Lehmann und Dipl.-Phys.
D. Dieckmann, Dortmund*
Die Wirkung mechanischer Schwingungen (0,5 bis
100 Hertz) auf den Menschen
1957, 100 Seiten, 53 Abb., 6 Tab., DM 22,50

WESTDEUTSCHER VERLAG · KÖLN UND OPLADEN

HEFT 363
Dr.-Ing. U. Domm, Frankenthal (Pfalz)
Über eine Hypothese, die den Mechanismus der Turbulenz-Entstehung betrifft
1956, 28 Seiten, 4 Abb., DM 6,45

HEFT 364
Prof. Dr. Th. Beste, Köln
Die Mehrkosten bei der Herstellung ungängiger Erzeugnisse im Vergleich zur Herstellung vereinheitlichter Erzeugnisse
in Vorbereitung

HEFT 365
Sozialforschungsstelle an der Universität Münster, Dortmund
Standort und Wohnort
in Vorbereitung

HEFT 366
Versuchsanstalt für Binnenschiffbau e. V., Duisburg
Bei Flachwasserfahrten durch die Strömungsverteilung am Boden und an den Seiten stattfindende Beeinflussung des Reibungswiderstandes von Schiffen
1957, 96 Seiten, 39 Abb., 28 Tab., DM 20,40

HEFT 367
Dr. rer. nat. D. Horstmann, Düsseldorf
Der Angriff eisengesättigter Zinkschmelzen auf kohlenstoff-, schwefel- und phosphorhaltiges Eisen
1957, 52 Seiten, 22 Abb., 6 Tab., DM 12,85

HEFT 368
Prof. Dr. phil. H. Kaiser, Dortmund
Entwicklung betriebsmäßiger spektrochemischer Analysenverfahren für technische Gläser
1957, 40 Seiten, 11 Abb., DM 9,10

HEFT 369
Prof. Dr.-Ing. R. Jaeckel und Dipl.-Phys. F. J. Schittko, Bonn
Gasabgabe von Werkstoffen ins Vakuum
in Vorbereitung

HEFT 370
Dr. phil. habil. F. Schwarz, Köln
Physikochemische Grundlagen der Bildsamkeit von Kalken unter Einbeziehung des Begriffes der aktiven Oberfläche
in Vorbereitung

HEFT 371
Dr. phil. W. Lejeune, Köln
Beitrag zur statistischen Verifikation der Minderheiten-Theorie
in Vorbereitung

HEFT 372
Prof. Dr. phil. M. von Stackelberg, Bonn
Untersuchungen zur Ausarbeitung und Verbesserung von polarographischen Analysenmethoden. 2. Bericht
1957, 44 Seiten, 9 Abb., 7 Tab., DM 10,10

HEFT 373
Dipl.-Ing. H. J. Koch, Essen
Druckgasfeuerung — ein Verfahren zum Betrieb von Gasfeuerstätten
1957, 38 Seiten, 8 Abb., 10 Tab., DM 8,50

HEFT 374
Dr. E. Paproth, Krefeld
Paläontologische Bearbeitung der in den devonischen Schichten des Siegerlandes enthaltenen Faunen
1957, 38 Seiten, 3 Tab., DM 8,30

HEFT 375
Technischer Überwachungsverein e. V., Essen
Wanddickenmessungen mittels radioaktiver Strahlen und Zählrohrgerät
in Vorbereitung

HEFT 376
Technischer Überwachungsverein e. V., Essen
Wasserumlaufprobleme an Hochdruckkesseln
in Vorbereitung

HEFT 377
Technischer Überwachungsverein e. V., Essen
Versuche an Wanderrostkesseln mit befeuchteter Verbrennungsluft
in Vorbereitung

HEFT 378
Oberingenieur H. Stein, M.-Gladbach
Beobachtung und maßtechnische Erfassung der Vorgänge im Spinn- und Aufwindefeld von Ringspinn- und Ringzwirnmaschinen
in Vorbereitung

HEFT 379
Laboratorium für textile Meßtechnik, M.-Gladbach
Schußfadenspannung beim Weben
in Vorbereitung

HEFT 380
Dipl.-Phys. R. Trappenberg, Karlsruhe
Theoretische und experimentelle Untersuchungen zur Staubverteilung einer Rauchfahne
in Vorbereitung

HEFT 381
Dr. J. Juils, Krefeld
Zur Dichtebestimmung von Fasern. Methoden und Beispiele der praktischen Anwendung
in Vorbereitung

HEFT 382
Dr. phil. habil. P. Hölemann, Ing. R. Hasselmann und Ing. G. Dix, Dortmund
Die Messung von Flammen und Detonationsgeschwindigkeiten bei der explosiven Zersetzung von Acetylen in Rohren
1957, 36 Seiten, 7 Abb., 4 Tab., DM 8,10

HEFT 383
Dr. phil. habil. P. Hölemann und Ing. R. Hasselmann, Dortmund
Verlauf von Azetylenexplosionen in Rohren bei Gegenwart von porösen Massen
in Vorbereitung

HEFT 384
Prof. Dr.-Ing. H. Opitz, Aachen
Schwingungsuntersuchungen an Werkzeugmaschinen
in Vorbereitung

HEFT 385
Prof. Dr.-Ing. H. Opitz, Aachen
Zerspanbarkeit hochwarmfester und nichtrostender Stähle. Teil II
in Vorbereitung

HEFT 386
Prof. Dr.-Ing. H. Opitz, Aachen
Standzeituntersuchungen und Verschleißmessungen mit radioaktiven Isotopen
in Vorbereitung

HEFT 387
Prof. Dr. med. W. Kikuth und Dozent Dr. med. L. Grün, Düsseldorf
Die Verhütung von Infektion durch Desinfektion des Raumes und der Raumluft
in Vorbereitung

HEFT 388
Prof. Dr. rer. nat. habil. W. Baumeister und Dr. rer. nat. H. Burghardt, Münster
Die Bedeutung der Elemente Zink und Fluor für das Pflanzenwachstum
1957, 48 Seiten, 17 Tab. DM 10,20

HEFT 389
Prof. Dr.-Ing. habil. H. Fink und K. W. Hoppenhaus, Köln
Die biologische Eiweiß-Synthese von höheren und niederen Pilzen und die alimentäre Lebernekrose der Ratte
1957, 76 Seiten, 2 Abb., 24 Tab., DM 15,60

HEFT 390
Dr.-Ing. J. Endres und Dr.-Ing. G. Hiebel, München
Berechnung der optimalen Leistungen, Kraftstoffverbräuche und Wirkungsgrade von Luftfahrt-Gasturbinen-Triebwerken am Boden und in der Höhe bei Fluggeschwindigkeiten von 0–2000 km/h und bei vorgegebenen Düsenausströmgeschwindigkeiten

HEFT 391
Prof. Dr. phil. F. Wever, Dr. phil. W. Koch und Dipl.-Chem. F. Stricker, Düsseldorf
Die quantitative spektrographische Analyse von Gasgemischen aus Kohlenmonoxyd, Wasserstoff und Stickstoff
in Vorbereitung

HEFT 392
Prof. Dr. phil. F. Wever u. a., Düsseldorf
Untersuchungen über den Konverterrauch im Hinblick auf die spektrale Überwachung des Thomasprozesses
in Vorbereitung

HEFT 393
Dr.-Ing. O. Viertel und S. Brückner-Lucas, Krefeld
Arbeitszeitstudien an Haushaltwaschmaschinen
in Vorbereitung

HEFT 394
Privatdozent Dr. med. W. Koch, Münster
Die Ablagerung radioaktiver Substanzen im Knochen
in Vorbereitung

HEFT 395
Dipl.-Ing. L. Hahn, Clausthal-Zellerfeld
Untersuchungen zur Frage des optimalen Bohrloch- und Patronendurchmessers
in Vorbereitung

HEFT 396
Prof. Dr.-Ing. F. Schultz-Grunow, Dr.-Ing. A. Jogerich, Essen, Dipl.-Ing. H. Meyer, cand. ing. P. Sand, Aachen
Untersuchungen des Luftwiderstandes von Güterwagen
in Vorbereitung

HEFT 397
Techn.-Wissenschaftliches Büro für die Bastfaserindustrie, Bielefeld
Ungleichmäßigkeiten in Bändern von Bastfaserkarden, ihre Ursachen und Auswirkungen
in Vorbereitung

HEFT 398
Prof. Dr. habil. H. E. Schwiete, Aachen, u. a.
Einlagerungsversuche an synthetischem Mullit I. — Die Zusammensetzung der Schmelzphase in Schamottesteinen I
in Vorbereitung

HEFT 399
Prof. Dr. habil. H. E. Schwiete und Dr.-Ing. R. Vinkeloe, Aachen
Möglichkeiten der quantitativen Mineralanalyse mit dem Zählrohrgerät unter besonderer Berücksichtigung der Mineralgehaltsbestimmung von Tonen
in Vorbereitung

HEFT 400
Prof. Dr. phil. W. Fuchs und Dipl.-Chem. H. Weyerstrass, Aachen
Entwicklung eines Heißfilters zur Reinigung von Gichtgas eines mit Kohle betriebenen Niederschachtofens
in Vorbereitung

HEFT 401
Prof. Dr.-Ing. M. Lipp und Dipl.-Chem. G. Frielingsdorf, Aachen
Darstellung reaktionsfähiger Verbindungen des Camphansystems und Versuche zu deren Fluorierung
1957, 84 Seiten, DM 17,—

HEFT 402
Prof. Dr. W. Linke, Aachen
Die Wärmeübertragung durch Thermopane-Fenster
in Vorbereitung

HEFT 403
Prof. Dr.-Ing. P. Denzel und Dipl.-Ing. W. Cremer, Aachen
Verbesserung der Benutzungsdauer der Höchstlast in ländlichen Netzen durch Anwendung elektrischer Geräte in der Landwirtschaft
in Vorbereitung

HEFT 404
Prof. Dr. R. Jaeckel und Dipl.-Phys. F. Gross, Bonn
Die Löslichkeit von Gasen in schwerflüchtigen organischen Flüssigkeiten
in Vorbereitung

HEFT 405
Prof. Dr.-Ing. H. Opitz und Dipl.-Ing. H. Schuler, Aachen
Untersuchungen für einen Wirtschaftlichkeitsvergleich der Feinbearbeitungsverfahren
in Vorbereitung

HEFT 406
W. Kirsch, Remscheid
Entwicklungsarbeiten auf dem Gebiete des Korrosionsschutzes
in Vorbereitung

HEFT 407
Prof. Dr.-Ing. H. Schenck, Aachen, und Dr.-Ing. W. Wenzel, Bad Godesberg
Entwicklungsarbeiten auf dem Gebiete der Verhüttung von Erzstaub in Schmelzkammern
in Vorbereitung

HEFT 408
Prof. Dr. phil. F. Wever, Dr.-Ing. W. Lueg und Dr.-Ing. H. G. Müller, Düsseldorf
Kraft- und Arbeitsbedarf beim Warmscheren von Stahl in Abhängigkeit von Temperatur und Schnittgeschwindigkeit
in Vorbereitung

WESTDEUTSCHER VERLAG · KÖLN UND OPLADEN

HEFT 409
Prof. Dr. phil. F. Wever, Dr. phil. W. Koch, Dr. rer. nat. Ch. Ilschner-Gensch und Dipl.-Phys. H. Rohde, Düsseldorf
Das Auftreten eines kubischen Nitrids in aluminiumlegierten Stählen
in Vorbereitung

HEFT 410
Prof. Dr. phil. F. Wever, Prof. Dr. rer. techn. A. Kochendörfer, Dr. phil. nat. M. Hempel, Düsseldorf und Dipl.-Phys. E. Hillenhagen, Köln
Biegewechselversuche mit Flachproben aus Alpha-Eisen-Einkristallen zur Bestimmung der Wechselfestigkeit und der Gleitspuren
in Vorbereitung

HEFT 411
Prof. Dr. W. Halbsguth und Dr. L. Sommer, Franfurt/M.
Grundlegende Versuche zur Keimungsphysiologie von Pilzsporen
in Vorbereitung

HEFT 412
Prof. Dr.-Ing. H. Opitz, Aachen
Kennwerte und Leistungsbedarf für Werkzeugmaschinengetriebe
in Vorbereitung

HEFT 413
Prof. Dr.-Ing. H. Opitz, Aachen
Richtwerte für das Fräsen von unlegierten und legierten Baustählen mit Hartmetall, Teil II
in Vorbereitung

HEFT 414
Dr. med. H. K. Parchwitz und Dr. med. C. Winkler, Bonn
Speicherung organischer Farbstoffe und künstlich radioaktiver Substanzen in Geschwülsten
in Vorbereitung

HEFT 415
Prof. Dr.-Ing. W. Paul, Dr. rer. nat. O. Osberghaus und Dipl.-Phys. E. Fischer, Bonn
Ein Ionenkäfig
in Vorbereitung

HEFT 416
Oberreg.-Gewerberat Dipl.-Ing. G. Steinicke, Hamburg
Die Wirkung von Lärm auf den Schlaf des Menschen
in Vorbereitung

HEFT 417
Prof. Dr.-Ing. habil. E. Rößger, Berlin
I. Teil: Die Entwicklung des Weltluftverkehrs, Ergänzungsbericht 1954
II. Teil: Die zivile Luftfahrtpolitik der USA
1957, 230 Seiten, 6 Abb., 83 Tab., DM 48,—

HEFT 418
O. Gdaniec, Mülheim/Ruhr
Über die Randlochkarte als Hilfsmittel in der Dokumentation
1957, 44 Seiten, 15 Abb., 8 Tab., DM 10,10

HEFT 419
K. Brooks
Die Messungen der Reflexionseigenschaften künstlicher und natürlicher Materialien mit quasi-optischen Methoden bei Mikrowellen
in Vorbereitung

HEFT 420
M. Vogel
Das Spektralgebiet zwischen dem langwelligen Ultrarot und Mikrowellen
in Vorbereitung

HEFT 421
ORR Dipl.-Volkswirt Dr. H. Rogmann, Düsseldorf
Die Erforschung der Verkehrskonjunktur und der langzeitigen Dynamik in der Verkehrswirtschaft (Zusammenfassung der eingegangenen Stellungnahmen und Vorschläge)
1957, 168 Seiten, 3 Tab., DM 26,60

HEFT 422
Prof. Dr.-Ing. K. Leist und Dipl.-Ing. W. Dettmering, Aachen
Prüfstände zur Messung der Druckverteilung an rotierenden Schaufeln
in Vorbereitung

HEFT 423
Prof. Dr.-Ing. K. Leist und Dr.-Ing. O. Thun, Aachen
Strömungsmessungen über Brennkammer-Wirkungsgrade
in Vorbereitung

HEFT 424
Prof. Dr.-Ing. K. Leist und Dipl.-Ing. I. Weber, Aachen
Spannungsoptische Untersuchungen von rotierenden Scheiben mit exzentrischen Bohrungen
in Vorbereitung

HEFT 425
Dipl.-Ing. H. Lübke, Hamburg
Gasturbinen und Strahlantriebe für Hubschrauber
in Vorbereitung

HEFT 426
Prof. Dr.-Ing. H. Opitz und Dipl.-Ing. W. Scholz, Aachen
Untersuchungen über den Räumvorgang
1957, 74 Seiten, 36 Abb., 7 Tab., DM 16,55

HEFT 427
Dr.-Ing. J. Endres, München
Kinematische Untersuchung eines Zweitakt-Hochleistungs-Dieseltriebwerks mit achsparallelen Zylindern und gegenläufigen Kolben
in Vorbereitung

HEFT 428
Dr.-Ing. J. Endres, München
Untersuchungen der Beschleunigungsverhältnisse eines Zweitakt-Hochleistungs-Dieseltriebwerks mit achsparallelen Zylindern und gegenläufigen Kolben
in Vorbereitung

HEFT 429
Prof. Dr. O. Kuhn, Köln
Selektive Wirkung verschiedener Stoffgruppen auf tierische Gewebe
1957, 54 Seiten, 32 Abb., DM 13,15

HEFT 430
Prof. Dr. G. Garbotz, Aachen und Dr.-Ing. G. Dress, Cadiz
Untersuchungen über das Kräftespiel an Flachbagger-Schneidwerkzeugen in Mittelsand und schwach bindigem, sandigem Schluff unter besonderer Berücksichtigung der Planierschilde und ebenen Schürfkübelschneiden
in Vorbereitung

HEFT 431
Prof. Dr.-Ing. H. Winterhager, Dr.-Ing. R. Kammel und Dipl.-Ing. W. Barthel, Aachen
Fortschritte auf dem Gebiet der Titanmetallurgie 1950—1955
in Vorbereitung

HEFT 432
Dipl.-Phys. R. Werz, Bonn
Die Entwicklung einer Synchrozyklotron-Ionenquelle
in Vorbereitung

HEFT 433
Dr.-Ing. G. Satlow, Aachen
Über einige physikalische und chemische Eigenschaften der Wolle von der gewaschenen Wolle bis zum Kammzug
1957, 72 Seiten, 15 Abb., 19 Tab., DM 15,25

HEFT 434
Dipl.-Ing. W. Rohs und Dr. J. Geurten, Bielefeld
Schlichten für Baumwollgarne
in Vorbereitung

HEFT 435
Dipl.-Ing. W. Rohs und Dipl.-Ing. L. Steinmetz, Bielefeld
Die Masseungleichmäßigkeit von Flachstreckenbändern in Abhängigkeit von Verzug und Dopplung
in Vorbereitung

HEFT 436
Priv.-Doz. Dr. habil. J. Juilfs, Krefeld
Zur Bestimmung der Reißlast (Zugfestigkeit) von Fasern, Fäden und Garnen
in Vorbereitung

HEFT 437
Prof. Dr. G. Schmölders und Dr. I. Meyer, Köln
Geldwertbewußtsein und Münzpolitik. — Das sogenannte Gresham'sche Gesetz im Lichte der ökonomischen Verhaltensforschung
in Vorbereitung

HEFT 438
Prof. Dr.-Ing. H. Winterhager und Dr.-Ing. L. Werner, Aachen
Bestimmung des elektrischen Leitvermögens geschmolzener Fluoride
in Vorbereitung

HEFT 439
Prof. Dr. phil. H. Lange, Köln und Dr. rer. nat. R. Kohlhaas, Neuß/Rh.
Anwendung der thermomagnetischen Analyse zum Studium des Umwandlungsverhaltens von Eisenwerkstoffen im Temperaturbereich von —150° C bis +150°C
in Vorbereitung

HEFT 440
Dr.-Ing. H. Wolf, Aachen
Gekoppelte Hochfrequenzleitungen als Richtkoppler
in Vorbereitung

HEFT 441
Dr. phil. habil. P. Hölemann und Ing. R. Hasselmann, Düsseldorf
Messung des Temperatur- und Druckverlaufes beim Füllen und Entspannen von Dissousgas
1957, 52 Seiten, 6 Abb., 7 Tab., DM 11,25

HEFT 442
Dipl.-Ing. W. Rohs, Text.-Ing. Griese und Text.-Ing. W. Lauer, Bielefeld
Die Auswirkungen der Trocknungsart naßgesponnener Leinengarne auf deren Verarbeitungswirkungsgrad sowie auf die Festigkeits- und Dehnungseigenschaften der Garne und Gewebe
1957, 28 Seiten, 2 Abb., 3 Tab., DM 6,50

HEFT 443
Prof. Dr. phil. W. Weizel und K. Kluth, Bonn
Über die Struktur der positiven Gleitentladungen
in Vorbereitung

HEFT 444
Dr.-Ing. W. Wilhelm, Aachen
Einfluß der Saugrohrabmessung, der Einlaßsteuerlage und der Größe des Kurbelkastenvolumens auf den Ladungswechsel eines Einzylinder-Zweitakt-Dieselmotors
in Vorbereitung

HEFT 445
Dr.-Ing. E. Barz, Remscheid
Fertigungs- und Prüfverfahren für Feilen
vergriffen

HEFT 446
Dr. med. G. Schäfer
Glutationsstoffwechsel und Sauerstoffmangel
in Vorbereitung

HEFT 447
Prof. Dr.-Ing. F. Bollenrath, Aachen, Dr.-Ing. H. Füllenbach, Seesen/Harz und Dipl.-Ing. J. Schumacher, Neubeckum/Westf.
Entwicklung rationell arbeitender Spritzkabinen
in Vorbereitung

HEFT 448
Dr. med. C. Winkler, Bonn
Ein Koinzidenz-Szintillometer zum Zwecke der Schilddrüsenfunktionsdiagnostik und der Tumordiagnostik
in Vorbereitung

HEFT 449
Priv.-Doz. Oberbaurat Dr.-Ing. W. Meyer zur Capellen und Mitarbeiter, Aachen
Bewegungsverhältnisse an der geschränkten Schubkurbel
in Vorbereitung

HEFT 450
Prof. Dr.-Ing. W. Paul, Bonn und Dipl.-Phys. H. P. Reinhard, M.-Gladbach
Das elektrische Massenfilter als Isotopentrenner
in Vorbereitung

HEFT 451
Prof. Dr. G. Schmölders, Köln
Rationalisierung und Steuersystem
in Vorbereitung

HEFT 452
Prof. Dr. rer. nat. W. Weltzien und Dr. phil. K. Windeck, Krefeld
Veränderungen an Fasern bei der Bleiche mit Natriumchlorid und über einige Vergilbungserscheinungen
in Vorbereitung

HEFT 453
Forschungsinstitut der Feuerfest-Industrie, Bonn
Die Arbeiten der technisch-wissenschaftlichen Kommission der PRE (Vereinigung der europäischen Feuerfest-Industrie)
in Vorbereitung

HEFT 454
Dr.-Ing. W. Piepenburg, Dipl.-Ing. B. Bühling und Bauing. J. Behnke, Köln
Haftfestigkeit der Putzmörtel
in Vorbereitung

HEFT 455
Dr.-Ing. W. A. Fischer, Dr.-Ing. H. Treppschuh und Dipl.-Phys. K. H. Köthemann, Düsseldorf
Erschmelzung von Reinsteisen nach dem Kohlenstoffproduktionsverfahren und Kerbschlagzähigkeit-Temperatur-Kurven dieses Eisens
in Vorbereitung

HEFT 456
Priv.-Doz. Dir. Dr.-Ing. K. Bungardt, Essen
Zeitstandversuche an austenitischen Stählen und Legierungen
in Vorbereitung

HEFT 457
Prof. Dr. phil. F. Wever, Düsseldorf und Dr. phil. W. Wepner, Köln
Dämpfungsmessungen an schwach gereckten Eisen-Kohlenstoff-Legierungen
in Vorbereitung

HEFT 458
Prof. Dr.-Ing. H. Schenck und Dr.-Ing. E. Schmidtmann, Aachen
Das Frischen von Thomas-Roheisen mit Sauerstoff-Wasserdampf-Gemischen und die Eigenschaften der damit erblasenen Stähle
in Vorbereitung

HEFT 459
Prof. Dr. phil. F. Wever, Dr. phil. O. Krisement und Hanna Schädler, Düsseldorf
Ein isothermes Mikrokalorimeter zur kinetischen Messung von Umwandlungs- und Ausscheidungsvorgängen in Legierungen
in Vorbereitung

HEFT 460
Prof. Dr. phil. F. Wever und Dr. rer. nat. B. Ilschner, Düsseldorf
Ein isothermes Lösungskalorimeter zur Bestimmung thermo-dynamischer Zustandsgrößen von Legierungen
in Vorbereitung

HEFT 461
Prof. Dr.-Ing. habil. E. Piwowarski †, Prof. Dr.-Ing. W. Patterson und Dipl.-Ing. F. W. Iske, Aachen
Verbesserung der Zähigkeitseigenschaften von Bessemer-Stahlguß
in Vorbereitung

HEFT 462
Prof. Dr. rer. nat. J. Weissinger
Zur Aerodynamik des Ringflügels — II. Die Ruderwirkung
Zur Aerodynamik des Ringflügels — III. Der Einfluß der Profildicken
in Vorbereitung

HEFT 463
Dipl.-Ing. G. Plüss, Essen-Steele
Die Aufteilung der verbrennlichen Bestandteile in Verbrennungsgasen auf CO und H_2 bei Verbrennung mit Luftunterschuß und bei Luftüberschuß und künstlicher Flammenkühlung
in Vorbereitung

HEFT 464
Dr. phil. habil. P. Hölemann und Ing. R. Hasselmann, Dortmund
Die Möglichkeit der Zündung von Acetylen in Rohrleitungen beim Ausbleiben mit Stickstoff
in Vorbereitung

HEFT 465
Dr.-Ing. R. Koch, Köln
Amerikanische Fertigungsunterlagen und ihre Werkstattreifmachung für deutsche Betriebe
in Vorbereitung

HEFT 466
Prof. Dr.-Ing. J. Mathieu, Aachen
Überbetrieblicher Verfahrensvergleich
in Vorbereitung

HEFT 467
Prof. Dr. Dr. h. c. E. Klenk und Dr. phil. H. Faillard, Köln
Neue Erkenntnisse über den Mechanismus der Zellinfektion durch Influenzavirus
Die Bedeutung der Neuraminsäure als Zellreceptor für das Influenzavirus
in Vorbereitung

HEFT 468
Prof. Dr. med. Dr. med. dent. G. Korkhaus und Dr. med. R. Alfter, Bonn
Die Vakuumwurzelbehandlung
in Vorbereitung

HEFT 469
Dr. sc. agr. F. Riemann und Dipl.-Volksw. R. Hengstenberg, Göttingen
Zur Industrialisierung kleinbäuerlicher Räume
1957, 130 Seiten, 5 Karten, 23 Tab., DM 27,—

HEFT 470
O. Wehrmann
Hitzdrahtmessungen in einer aufgespaltenen Kármánschen Wirbelstraße
in Vorbereitung

HEFT 471
Prof. Dr. phil. habil. A. Naumann, Dr.-Ing. A. Heyser und Dr. phil. Dipl.-Ing. W. Trommsdorf, Aachen
Der Überdruck-Windkanal in Aachen
in Vorbereitung

HEFT 472
Dipl.-Ing. A. Freitag, Essen-Steele
Verhalten von Katalytstrahlern bei Betrieb mit Luftvormischung zum Gas und der Verbrennung von Luft gegen eine Gasatmosphäre
in Vorbereitung

HEFT 473
Prof. Dr. phil. F. Wever, Dr.-Ing. W. Lueg und Dipl.-Ing. P. Funke jr. Düsseldorf
Versuche an einer hydraulischen 25 t-Stangenziehbank
in Vorbereitung

HEFT 474
Dr.-Ing. R. Ibing und Dipl.-Ing. G. Meier, Hannover
Eichung und Entwicklung von Staubentnahmesonden
in Vorbereitung

HEFT 475
Prof. Dipl.-Ing. W. Sturtzel, Obering. Helm und Dipl.-Ing. Heuser, Duisburg
Systematische Ruderversuche mit einem Schleppkahn und einem Binnenselbstfahrer vom Typ „Gustav Koenigs"
in Vorbereitung

HEFT 476
Prof. Dipl.-Ing. W. Sturtzel und Dipl.-Ing. Schmidt-Stiebitz, Duisburg
Einfluß der Hinterschiffsform auf das Manövrieren von Schiffen auf flachem Wasser
in Vorbereitung

HEFT 477
Dr. K. Utermann, Dortmund
Freizeitprobleme bei der männlichen Jugend einer Zechengemeinde
in Vorbereitung

HEFT 478
Prof. Dr.-Ing. habil. W. Petersen und Dr.-Ing. S. Wawroschek, Aachen
Brikettierungsversuche zur Erzeugung von Möllerbriketts unter Verwendung von Braunkohle
in Vorbereitung

HEFT 479
Prof. Dr.-Ing. W. Wegener, Aachen und Dipl.-Ing. H. Fourné, Bochum
Ursachen des Überschreitens der Toleranzgrenze nach oben oder unten (Meter pro Gramm) an der Strecke
in Vorbereitung

HEFT 480
Dr. phil. K. Brücker-Steinkuhl, Düsseldorf
Anwendung mathematisch-statistischer Verfahren bei der Fabrikationsüberwachung
in Vorbereitung

HEFT 481
Oberbaurat Dr.-Ing. W. Meyer zur Capellen, Aachen
Fünf- und sechspunktige Geradführung in Sonderlagen des ebenen Gelenkvierecks
in Vorbereitung

HEFT 482
Dipl.-Ing. R. Pels-Leusden und Dr. K. Bergmann, Essen
Die Frostbeständigkeit von Ziegeln; Einflüsse der Materialzusammensetzung und des Brandes
in Vorbereitung

HEFT 483
Prof. Dr.-Ing. habil. F. A. F. Schmidt, Aachen
Gemischbildungs-, Selbstzündungs- und Verbrennungsvorgänge als Grundlage für Entwicklungsarbeiten an Gasturbinenbrennkammern
in Vorbereitung

HEFT 484
Prof. Dr. habil H. E. Schwiete und Dr. G. Schwiete, Aachen
Beitrag zur Struktur des Montmorillonit
in Vorbereitung

HEFT 485
Prof. Dr. phil. E. Jenckel, Aachen, Dr. H. Wilsing, Dormagen, Dr. H. Dörffurt, Wesseling/Bez. Köln und Dipl.-Phys. H. Rinkens, Eschweiler
Kristallisation und Hochpolymeren
in Vorbereitung

HEFT 486
Doz. Dr. med. E. Lerche und Dr. med. J. Schulze, Aachen
Hörermüdung und Adaptation im Tierexperiment
in Vorbereitung

HEFT 487
Prof. Dipl.-Ing. W. Blume, Duisburg
Festigkeitseigenschaften kombinierter Leichtbaustoffe im Hinblick auf die Verkehrstechnik, insbesondere des Flugzeugbaus
in Vorbereitung

WESTDEUTSCHER VERLAG · KÖLN UND OPLADEN

If you have any concerns about our products,
you can contact us on
ProductSafety@springernature.com

In case Publisher is established outside the EU,
the EU authorized representative is:
**Springer Nature Customer Service Center GmbH
Europaplatz 3, 69115 Heidelberg, Germany**

Printed by Libri Plureos GmbH
in Hamburg, Germany